倡导自由探究

鼓励学术争鸣

活跃学术氛围

促进原始创新

新观点新学说学术沙龙文集⑤9

转基因水产动植物的发展机遇与挑战

中国科协学会学术部　编

中国科学技术出版社

·北 京·

图书在版编目(CIP)数据

转基因水产动植物的发展机遇与挑战/中国科协学会学术部编.
—北京:中国科学技术出版社,2012.11
(新观点新学说学术沙龙文集;59)
ISBN 978 – 7 – 5046 – 6241 – 5

Ⅰ.①转…　Ⅱ.①中…　Ⅲ.①转基因植物 – 水生植物 – 研究
②转基因动物 – 水生动物 – 研究　Ⅳ.①Q948.8②Q958.8

中国版本图书馆 CIP 数据核字(2012)第 254931 号

選題策划　赵　晖
责任编辑　赵　晖　夏凤金
责任校对　赵丽英
责任印制　张建农

出　　版　中国科学技术出版社
发　　行　科学普及出版社发行部
地　　址　北京市海淀区中关村南大街 16 号
邮　　编　100081
发行电话　010 – 62173865
传　　真　010 – 62179148
投稿电话　010 – 62103182
网　　址　http://www.cspbooks.com.cn

开　　本　787mm×1092mm　1/16
字　　数　150 千字
印　　张　8.5
印　　数　1 – 2000 册
版　　次　2012 年 11 月第 1 版
印　　次　2012 年 11 月第 1 次印刷
印　　刷　北京长宁印刷有限公司

书　　号　ISBN 978 – 7 – 5046 – 6241 – 5/Q·166
定　　价　18.00 元

(凡购买本社图书,如有缺页、倒页、脱页者,本社发行部负责调换)

序

　　我国是世界上率先开展转基因水产品研究的国家。早在 20 世纪 50 年代，著名生物学家童第周及其合作者把鲤鱼囊胚细胞的细胞核移入鲫鱼的去核卵中，获得了核质杂交鱼，这种杂交鱼的外表特征是部分像鲫鱼，部分像鲤鱼。1985 年，中科院水生所朱作言院士等培育出世界上第一批转基因鱼，近年来部分产品已进入中试阶段。

　　国外转基因水产品的研究多以鱼为研究对象。20 世纪 80 年代以来，世界各国进行转基因鱼的研究取得了不同的进展，仅美国就有多个研究机构从事鱼类基因转移的研究。加拿大、英国、法国、爱尔兰、德国等国家的数十个研究室也取得了成功。

　　水生生物在自然界物质循环和能量流动中起着极其重要的作用。水生生物转基因技术的应用，使人类能够按照自己的意愿，将特定遗传基因修饰和改造，导入同种、近缘甚至远缘物种的基因组中，创造具有特定表型的水生生物，这无疑会给人类带来巨大的经济和社会效益。但是转基因水生生物对人体健康、水生生态和遗传资源所带来的影响必须引起人们的高度重视。保护水生生物的生态环境和遗传资源不受破坏，维持水生生物多样性和遗传稳定性，从而维持人类所需水生生物食品、药物等的持续发展，是科技工作者义不容辞的责任。

　　科学家预言，今后人类所需的蛋白质很大部分来自海洋。2010 年，世界上第一种以供人类食用为目的的工业化动物——转基因鲑鱼，可能很快被端上餐桌的消息一经发布立即引来了巨大争议。有人担心吃转基因鱼会引起过敏，转基因鲑鱼尤其可能含有危险过敏原；也有人担心动物和植物不同，每年会有数以百万计的转基因鲑鱼从养殖场逃逸到野外，可能与野生鲑鱼交配，污染野生鲑鱼的基因，更担心转基因鲑鱼在野外与野生鲑鱼争夺食物和配偶，从而导致野生鲑鱼灭绝。因为野生大西洋鲑鱼本来就已濒临灭绝，这个问题就显得更为严重。

从1985年世界上第一条转基因鱼在我国问世以来,多年来对转基因鱼的安全性问题争议不断。虽然专家们都意识到这一问题的严重性,对这一问题的认识存在明显争议,有必要组织专家对这一问题进行研讨,寻找共识,探究转基因鱼的发展出路。

　　转基因鱼的生物安全性包括食品安全性、生态和遗传安全性。目前专家们对这一问题的认识还很不一致,存在明显争议,组织专家对这一问题进行研讨很有必要。因此,在现代渔业大发展,提倡科技创新和成果转化的今天,举办以"转基因水产动植物发展机遇与挑战"的主题沙龙,对转基因水产动植物的安全性和发展前景研讨,求同存异,意义十分重大。相信这次沙龙对于我国生物科技和现代渔业的发展会起到一定的推动作用。

陈松林

2011 年 12 月

目　录

会议时间

2011 年 11 月 26—27 日

会议地点

青岛市黄海饭店学术报告厅

主持人

朱作言　林浩然　陈松林　孙效文　包振民

朱作言：

　　本次沙龙研讨的主题是"转基因水产动植物的发展机遇与挑战"，主要是针对转基因水产动物中存在的问题、面临的发展机遇和挑战开展交流和讨论，讨论水产动植物转基因技术取得的新进展，并就转基因水产动植物的食用安全和生态安全进行交流讨论，这是两个非常关键的问题，以及探索转基因水产动植物的产业化、应用、可行性的途径，在这方面打好基础。

　　对这次沙龙的目的，大家已经很清楚，我有一点不同的观点，就是在这里能够充分地阐述，也得到了主流领域、主流同行的认可。我觉得也不一定完全认可，特别在不认可的时候，可以带有特别的创新性，希望大家敞开心扉。

转基因鲤鱼生存力与繁殖研究
◎朱作言

　　我代表汪亚平研究员、胡伟研究员以及孙永华研究员阐述一下我们几人关于转基因鱼研究的一些思考。20 世纪六七十年代以来，由于分子遗传学和分子生物学、生物技术的快速发展，很多新的育种技术应运而生，当然也进入水产领域，即水产高技术育种。我想讲两件事情，一个是 20 世纪六七十年代关于鱼的细胞移植，现在叫做克隆，我国生物学家童第周先生在青岛工作了很长时间，他在世界上首创了鱼类的克隆技术——细胞核移植技术，这样做的目的，主要是想探讨一下细胞质对细胞核形态建成、发育的影响。但是在他研究的过程当中，发现很有趣的事情，这个受体品种能够影响到形态建成，而且出现了很多中间的性状，这些性状使他非常高兴。特别是在他晚年力主把这些技术应用到实践中去，就是所谓的细胞核与细胞质杂交、培育新品种，可惜没有进行很久，童先生就去世了，这个事情也就成了历史，但是从学术上来讲可能是探讨的一个方面。当时考虑，我们是不是可以把遗传物质比如说 DNA 和染色体直接导入到其他品种去，这是 20 世纪很原始的想法。到了 70 年代以后就开始了转基因的育种。我想，细胞核移植和转基因，是我们国家在这个领域之内最早的原创性的工作，这两项工作被记录到 1990 年在美国出版的《世界科学编年史》当中，这也是近代中国科学几百年来的成就中，唯一被记录到这本书里的两件事情。也许因为这个编者特别爱吃鱼，别的事情没有记录到，就把这两件事情作为中国近几百年来对科学技术的伟大贡献，这其实也说明了这两件事情对分子生物技术的发展、对水产育种带来了很大的机遇和挑战。今天我不想讲技术本身的问题，我想讲另外一件事情，关于转基因的安全问题。当然主题说得很清楚，转基因安全分为两个部分。刚刚讲的是非常值得引以骄傲的童第周先生，这都是 20 世纪 70 年代的事情了，之后在中国诞生了转基因鱼，这是世界上最早的转基因鱼,是1984年在12平方米的小房子里面进行的这项工作,在当年我们就得到了转基因的快速生长的机遇,这条泥鳅(图略)在世界范围内都产生了一定的影响。是用鲤鱼生长激素基因重组以后进行转移的,在河南郑州养殖的,是1998年的事,5个月就长到了2.7千克,6个月长到了4千克,当然这是极端的情况,就像亩产920千克的水稻一样,不能够普遍推广。

这条鱼(图略)在郑州养的,用了5个月的时间,其中有一个塘里的长得太快,8月时鱼死得太多,因为温度太高、密度太大。鱼的各个方面都是非常漂亮,和黄河鲤鱼非常相似,更重要的是大家可以吃一吃。大家不要怕,如果有兴趣,我可以让大家亲口尝一尝,不尝就不知道它是什么东西,最好是尝一下再说。当然这种鱼是有生态安全问题的。

我们和湖南师范大学的刘少军教授一起合作,做了转基因不育的三倍体,刘教授他们对于不育有着很详细的研究,我们把转基因的鲤鱼和四倍体杂交以后得出了三倍体,我们当时叫做863吉鲤,对于这些进行食品安全的研究,因为它们不育,跑出去以后也不会造成生态威胁。我们进行了很严格的食品检验,这个检验是按照国家一类新药的标准进行检验,然后对于所有的12个组织器官进行组织化学详细的检查,对于遗传后代、生理生化指标进行严格的检查,都没有发现其他问题,和正常的鲤鱼是一样的。

除此之外,我们模拟了100亩的人工湖泊。对于水的研究,我们研究了6年,去年把所有的水抽干了以后,发现转基因鲤鱼和对照鲤鱼的种群都没有增加,而且转基因鲤鱼在渐渐地消失,群体数量越来越少,原因还不太清楚。我刚才讲了,童先生的工作和我们的工作在《世界科学编年史》当中有明确的记载,这是在1980年和1987年。大家都关注转基因的安全问题。因为媒体的渲染,加上关于转基因农作物的几件耸人听闻的事,本来老百姓就不太明白,这样一报道,全世界对这个疑虑越来越多,大家把转基因这个词输到谷歌里面去,据说90%以上全是关于负面的影响,关于正面的不过百分之几,这就反映了一个共同的心态。转基因食品是不是有毒?虫子都不能吃的东西,人能够吃吗?以至于引起那一些公众的不安的事情,比如说波兰人阿帕德·普兹泰事件,他做了这样一个实验,把两种凝集素转到土豆里面去喂老鼠(凝集素可以引起轻微的不良反应),有一种凝集素实际上并没有转进去,而是拌到土豆里面让小老鼠吃,结果在 BBC 科学大众节目里说吃了转凝集素基因土豆的老鼠,免疫力下降、发育障碍,这个就引起哗然了,经过皇家学会组织研究,发现他的实验漏洞百出:

第一,转凝集素的土豆根本没有种植,没有商业化。第二,他所用的有害的凝集素不是转基因,是拌到生土豆里面喂老鼠。第三,人是不吃生土豆的,煮了以后,凝集素就消失了。最后发现他这个实验是极端的不负责任,完全是一种炒作,最后就提前退休了。但是不管怎么样处理,都不能消除这种疑虑,一旦产生影响以后就很难消除。

第二件事情,我要讲一讲为什么会产生疑虑。康尔大学(音)的一位教授,曾用转 Bt 基因玉米花粉去喂一种蝴蝶,发现 4 天以后有 44% 的幼虫死亡,这是一件大事情了,然后就报道了,当然就引起了轩然大波,然后就详细地追踪研究,结果发现花粉里面的转基因表达量非常少。另外,如果纯粹用转基因花粉喂蝴蝶,就像大家不吃饭去吃虫草,买上几千克吃上几天,这么好的东西一直吃,会是什么样子?蝴蝶其实也是这样,专门让它吃这个东西就出现上面的情况。实际上转基因的花粉移到叶子上面,每平方厘米不过是 100 多颗,在 2 米以外基本上就没有了。但是每平方厘米要高达 5000 颗才会起作用,所以这是一个极端的设想情况,也是一个人为的情况,当然也被否定了。相反,玉米里面有鳞翅目害虫,所以用 Bt 农药喷洒也导致这种蝴蝶大量减少,种转基因玉米后这种蝴蝶种群反而增加了。还有一件事情就是墨西哥玉米污染事件,就说转基因玉米扩散到墨西哥去了,然后就开始进行研究,结果查出来根本不是这种事情,而是检测试验本身的污染造成的。所以,墨西哥小麦玉米改良中心发表声明,不存在任何污染事件。

还有转基因水稻在密西西比发生的污染事件。转基因水稻还没有正式上市之前,就在路易斯安那州种植了,种植了以后根本卖不出去,最终检查出来这种大米没有任何的污染和其他的问题。

还有一个就是转基因玉米,法国科学家发表文章,说转基因玉米能够引起老鼠的肝脏、肾脏、心脏受损,后来一检查,这四位法国科学家根本没有做实验,他们是重新把生物安全的详细资料进行分析,然后编出这个结果,就说这个会产生什么影响,其实根本不是这么一回事。后来进行科学论证以后,说明四个科学家所做的分析是一种错误,而且不得不公开在网站上道歉。

还有一件事情,有调查发现广西大学学生的精子活力下降,所以网络上面出现一篇论文说精子活力下降和转基因玉米有关系。调查以后,梁季鸿教授后来指出,现在学生坐着上网时间太长,阴囊局部的温度升高,杀死了精子,和转基因根本扯不到一起。但是风马牛不相及的事情就扯在一块了,而媒体对这些事情过于敏感,导致给转基因栽赃了。

还有一件事情,山西、吉林等地种植了美国杜邦先锋公司的玉米品种"先玉335"后,说是田里的老鼠没有了,出现了母猪流产等动物异常现象,这是怎么回事?正好这些年种了"先玉335",这是转基因的问题吗?这个"335"根本就不是转基因品种,而是他们选出来的一个普通的杂交品种。但是不是种了这个之后老鼠没有了,我们不知道,但如果说这是转基因,那绝对是冤枉。还有其他的一些事情,不列举了。我花一点时间讲一讲这些,想说明到底这个黑锅是怎么背上来的。

我想说一下,我有一个朋友叫王大元,是同班同学,他到美国工作很长时间了,他最近写了一篇文章,标题叫《美国人吃了转基因大豆15年》,情况怎么样?有这么几个要点:

第一,数亿美国人吃了转基因大豆15年,第二代吃了12年,现在没有发现一例不安全事故。

第二,不计其数的家畜、家禽吃了转基因大豆饲料15年,未见任何不良反应和食品安全事故。

第三,美国人平均每年吃转基因大豆为中国人的2.8倍。

第四,抗除草剂转基因大豆种植15年,未见改变生物种群或对其他生物造成危害。

什么是转基因育种?我想在座的专家很明白了,但是对于一些媒体的同志,我想简单讲一下。杂交育种是这样的:一个优良品种有点小毛病,我们把它与另外一个没有这个毛病的品种进行杂交,优良基因被转到这个品种当中了,另外不需要的东西也被随机地替代掉了,这就是杂交。当然要不停的选育、回交,这是很漫长的过程。转基因技术,我们只是把这个品种所需要的一个基因转进去,没有拖泥带水的事情,实际上转基因和杂交完全是一回事,从基因水平来讲是一回事,只不过一个是转得多,一个转得少,一个转得精确,一个转得模糊。所以比较一下,传统育种技术只能在种内或近缘种间实现基因转移,不能准确地操作目的基因。转基因技术不受生物体间亲缘关系的限制。正是因为这样,转基因从1996年开始种植,到2010年全球转基因作物种植面积达到了1.48亿公顷面积,但是到现在为止还没有转基因动物在生产上应用。

到2010年止,全世界81%的大豆、64%的棉花、29%的玉米、23%的油菜都是转基因植物,这些已经离不开我们的生活了,世界上有35科120多种植物培育成转基因的产品,所以转基因的结果只是提高了农民的效益,比如说少用了杀虫剂,有效地控制了害虫、杂草,减少了二氧化碳排放,增加了食品的安全性,还能提高产量、增加农民收入。提供了更多的食物、更好的食物和更美好的环境,其中包括鱼。

抽象地谈转基因没法谈,就好像问吃东西有没有危害是一样的道理,对转基因食品也是这样回答,笼统地说转基因好不好,我没法回答。因为真正上市的转基因产品是经过严格论证的,比如说美国的FDA、EPA、USDA严格的监控,中国农业部也有多个单位进行监控,没有通过这些监控、允许是上不了市的,所以保证了安全。

总结来讲,转基因育种是杂交育种的发展和延续,是解决人类未来生存问题必不可少的手段之一,前一些日子人口突破70亿,问题就在眼前,如何解决?

有关法规监控下研制并通过政府权威部门批准的转基因品种,我可以说是绝对安全的。正因为这样,温家宝总理在2008年在接待美国《科学》杂志主编艾伯茨的时候说了一段话:"自从我们实施了棉花转基因工程后,棉花不仅抗虫害能力增强,而且产量也提高了,因此我力主大力发展转基因工程,特别是最近发生的世界性粮食紧缺更增强了我的信念,不要把转基因这种科学同贸易壁垒联系在一起,否则就会阻挡科学的发展。"温总理这几句话是非常精辟的。实际上转基因的动植物、新品种可不可以在中国实现?我想今天的沙龙对这个问题会有所帮助。

王清印:

你们的鱼1980年就繁殖出来了,我们最近几年很关注这件事,在政府的层面上推广还有什么问题？

朱作言：

后来我们保持了很长时间，因为刚才讲的一片否决声，这几年我们认真地做安全分析，2010 年已经有了一个平均的结果了。还有就是和刘少军教授做三倍体的实验，所以这两个拿到最后的结果，我们可以向农业部申报，但是我们不能报，在没有 100% 信心的情况下我们没有做这件事。最近这两天和亚平去荷兰，当地农民养的结果，至少是增长了 1 倍，育苗投上之后不停地上市，所以鱼的品种毫无疑问，一旦上市，它的逾越性是不可替代，增加 1 倍绝对没有问题。

王清印：

两个星期之前，我查了很多的东西，我基本的感觉，这是一种理念的问题，和技术没有关系。孙效文老师那边儿有一个技术中心。

孙效文：

前一段时间，大约在五六年前，安全管理应该说在比较高的议程上，转基因还没上市，我们怎么能上市？

朱作言：

这是一个主要的障碍，美国人不能干的事情，中国人到底能不能干。

孙效文：

持有这种观念的人还是比较多的。

张培军：

朱院士做转基因鱼非常的扎实，这 20 多年积累了很多经验，特别是近十几年做安全问题做得非常细，我非常同意这个观点。看来确实我们有一些疑虑，但是不是过于疑虑了？我提一个问题：对转基因鱼现在最担心的还是生态的安全，释放到外面是不是会把其他的鱼吃掉？在你们的实验里面，在大池塘里面最后转基因鱼反而少了，这个是不是说明转基因鱼并不是那么可怕，把别的鱼给挤掉了？

朱作言：

显然它的繁殖能力非常低，但是它的逃避风险的能力也低。

张培军：

如果确实是这样，说明转基因鱼对生态上没有威胁。

王清印：

也可能像大熊猫，野外养的和饲养的就不一样，也许是这样的关系。

张培军：

以后是不是还要多做这种实验？拿出实验的证据来证明转基因鱼并不威胁自然安全。

浅谈转基因养殖鱼类育种
◎孙效文

我们主要有两个方面的工作，一个是做观赏性的，一个是做品种的，我们这边大多数人是做品种研究，主要是商品养殖这块，我分五个方面来谈。

第一个，我们要把转基因品种进行商品化，这是我1997年总结的，要解决三个问题：一个问题是转基因效果要好，最终做成品种；第二，我们要证明食用安全；第三要证明生态安全。这当中有一个很有意思的故事就是做安全，2005年我在上海海事大学作报告，我那时候做的是基因组方面的工作，有一位老专家问转基因鱼是不是安全的。这个很好回答。第二个问题，转基因安全，为什么你们自己做安全评价，不让别人做安全评价？其实这位先生可能还是理解上有点问题，我说我们做转基因鱼，同时又做安全，这是我们的责任。因为转基因要做产品，安全是自己要负责的，这是我们国家转基因安全管理中最重大的一个规则，叫做"个案处理"，别人不能替你做安全，你要自己去做。我们要考虑安全性，除了转基因产品的食品安全和生态安全以外，转基因操作的类型也有安全的问题，我还遇到一个故事，有一位教授和我合作，要做河豚毒素的基因工程，我说这个要申请，不像做一般的基因产品，要做毒素的产品，真有事了我们是要负法律责任的，后来他就放弃了。其实转基因类型还是有安全和不安全的问题，像做免疫的，有可能操作不当会产生危害很大的病毒或其他危害。

第二个问题，现在农业重大转基因专项之所以能立项，是因为我们国家做了转基因十几年以后，农业部的专家发现我们的转基因品种和美国没法比，竞争力、经济性状都没法比。"十一五"初就提到转基因专项非常大，要从少数的转基因的优良的个体去变成一个品种的问题，我们在这方面投入的比较少，所以，这次转基因的专项把常规育种的专家请进来很多。我们设计了一个软件，是专门针对少数个体避免进行交配的软件，我觉得这个软件用于少数转基因个体性征品种可能是很有价值的,我们可以用这个软件去培育转基因鱼。

我要谈论的第二个问题,就是转基因技术育种与分子育种的差别,这也不是和各位专家讲的,是给年轻人和官员讲的,因为我们实实在在遇到了这些问题。现在讲分子设计育种,提得很少,我也是做转基因鱼的,其实转基因技术是真正的设计育种,现在讲的分子设计育种和转基因设计育种还差了很大的层次。1988 年英国有一篇文章,专门预测将来的转基因,他就设计了这么一个转基因调控装置,是宏观的,病毒来了,转基因系统就工作了,如果不来侵蚀了,转基因系统又自动沉默,应该说达到这个水平,就是基因工程水平的技术。从这个角度来说,转基因技术应该是真正的设计育种,从这个角度来说,像刚才刘院士说的是常规育种的延伸,可能将来最有能力替代常规育种的就是转基因育种,前提是老百姓不排斥这个育种。

第二,转基因育种和现在分子育种的差别,也是我们遇到的一个问题,很多官员把这两个混为一谈。其实转基因育种是利用性状形成过程的关键基因,让它去做表达,或者是有效的去表达、控制性地表达。分子育种还是选择基因或者是相关的标记在群体中的多态性,其实这个是两个事,转基因育种是指是通过新基因使受体生物获得一个新的性状,目前的分子育种是指通过基因频率的选择使已有性状更优良。

第三,将来转基因研究的主要领域。现在来看,绿色和平组织、老百姓等,对转基因没有按照常规育种来看待。我们的竞争可能还要是更高水平的竞争,要改变增加性状、增加新性状。我举一个例子,MYOSTATIN 是不是重要的性状基因?我个人的理解,如果仅仅是增加蛋白,可能意义不大,如果是提高食物利用率的话,这个价值就很大。另外,常规育种得不到性状的新品种培育,朱院士用一句话,叫"获得不可比拟的生长优势性状",我觉得这个是我们应该要注意的。还有就是保证食用安全和生态安全的基因操作技术,用基因操作技术来保证食用安全和生态安全,这可能是很有意思的一些领域。

在这四个方面是我们最近做了一些研究,2003 年做的 MYOSTATIN 的质粒,鱼的肌肉表达也不错,已经传到第二代了,但是我们觉得还没有那种突破性的性状。偶然的机会,我们利用显微介导技术将远缘 DNA 导入鲤鱼受精卵,就获得了有远缘 DNA 的转基因鲤,后来我们发现氨基酸、色氨酸都比较高,已经做到第三代了。

第五个问题，我们做转基因，尤其是年轻人还得有这样的估算，中国消费者再有多少年就不排斥转基因水产品了。如果现在全心全意地做转基因鱼，如果估计错了，30年还排斥，你这30年就白干了，但是我个人觉得，10年、20年就差不多了，大家想，美国吃了15年转基因大豆，老百姓就接受了，从20世纪90年代做转基因安全的时候是我们主动提出的，那个时候科技部是不要求做转基因安全的，当时我们"863"计划的动物领域的首席科学家有一句名言，"国外阻碍转基因可能是因为宗教的影响，中国人是最没有宗教观念的，在中国受到转基因阻力应该是最小的"，所以我觉得大家要有信心。这个时间如何能早期到来？在座的科学家和青年科学家要做出更有价值的产品，就像朱院士说的，要有不可比拟的经济性状，就是常规育种得不出的经济性状。因为转基因鱼大家都吃过，没有什么问题，20世纪80年代后就吃过转基因鱼，我估计也没有什么大问题，因为从分子生物学和遗传学角度来说，都转成蛋白了，我们说的蛋白不是说不可消化的蛋白，这些都是多态链的，高温就变性了，一碱一酸就分解了，所以要做信得过的安全产品。最近《生物谷》有一篇报道，一步一步地实验都得到了很好的实验证据，我们要得到安全性的产品，每一步都做得非常好，我估计老百姓是能够接受的。其实这里面还有经费问题，我们国家"十一五"的经费投入其实还不少，我总结在水产转基因，在科技部也投入1000多万元，但是在"十二五"计划中却没有那么多了。我认为这个技术应该是非常有前景的技术，我们可能还要去争取这样的项目支持。2010年美国的一个转基因公司到我们那边儿作报告，美国的公司累计投入4500万美元，他们做的量大，做得很好，我们没投入那么多，这个差别还是非常大的，尤其是在食品安全和生态安全上的工作，我们没有那么多经费，就不能做那么多实验，尤其要涉及生态安全。正如刚刚张教授所讲，这个给了我们转基因应用一个非常大的难题，生态安全是我们做几次很小的实验所证明不了的！这个很困难，怎么说人家也不信，真是很大的问题。

我记得在水生所有一次开会，有一位教授说，你们做转基因鱼说是好的就是好的，说是魔鬼就是魔鬼。这个就很难说清楚，还是要国家有更大的投入，长期的多次实验才能证明。如果最终不应用，也还是一个非常有价值的储备技术。第二个就是什么物种的基因在转基因鱼类中更有价值？那天和孙永华教授讨论的时候,他也说在拿其他物种的基因。在澳大利亚转基因羊也在研究。我们现在转基因的系统还是稍微少了一些,我建议如果有一些年轻的科学家要把这个推向前进,改造肠道微生物对提高鱼肉品质也是很有价值的,就是改造肠道的微生物,美国还有一个系统,也和改造肠道微生物差不多,就是改造鱼吃这些小球藻之类的,它吃了以后就提高品质,我想这都是很有价值的探索。

王德寿:

通常我们认为鱼的生长和动物生长是多基因组,转基因的其中一个基因,在这样的情况下,能不能够导致快速生长和常规的适应性？大家可以讨论这个问题。

朱作言:

有的时候性状不一样,对于一个问题非常重要,一针打进去是不是一劳永逸？传统选育和转基因是相辅相成。互补的,一定要选育。刚刚讲第一张图片是一个很极端的例子(图略),真正做到一箩筐的鱼都差不多,都是优良性状,都是长期选育的结果,必须还要有相应的饲料,生长特性变得不一样的时候,一定要配合代谢系统配合饲料。所以,鱼长得这么快,用市场上的饲料肯定不行,吃了以后总是觉得饿,这是一个综合性的观点,这不是一劳永逸的,哪怕是主效基因转进去以后,一定要有相应的其他的生理条件跟上去。

孙效文:

这个问题要解答可能非常困难,但肯定是好多基因参与的生长过程。美国的一个实验就是让它沉默,使小的斑马鱼的肌肉增大。如果说生长这方面,我们做转基因有这么几个品种出来,它也是在好多转基因的个体中筛选出来的。我个人想,在多基因控制生长过程,生长激素表达多了,也促进了一些后续表达调控的增长和提高,而且同时生长相关的其他因素是平衡的,不是说转基因的个体都长得这么快,实际上转基因激素外缘激素没有长大。我在澳大利亚做研究的时候,有5头羊,2头羊长得快,3头羊长得慢,其实小的羊生长激素并不低。有人想了一个很好的办法解释这个问题,就是循环的生长激素在提高,不是积累的生长激素在提高,长快的那些在基因相互作用中是平衡的,没有长的快的还是不平衡,我觉得如果多基因性状还是有平衡的问题。

张培军:

确实是很多的性状不是由一个基因控制的,但是我们目前的转基因方法确实是转单基因,是不是以后可以进行多基因转移尝试,我觉得这个也是可以考虑。但是就现在转基因的效果来看,比较多的是生长激素基因,而且已经实验证明了就是促生长,这说明一个基因还是起作用的,但是并不是说明就是一个基因起作用,比如说生长激素基因转进去了,肯定是一个基因在表达,然后生长激素的水平在提高,生长激素在里面又导致IGF提高,当然不用再去注射IGF,这一个基因就导致下游或者是其他的基因生长,就会起到其他的作用,找到一个抗寒或者是抗病的基因,就会对这些发生一些作用,再诱导其他的细胞产生变化,所以单个基因的转换的可能性还是可以的,可以促生长,可以抗病,我们只要能找到一个主效基因,诱导下游其他的基因调控,也是可以达到的。

王志勇:

我觉得转单基因能不能发挥作用,可能和接受基因的个体背景基因型有关,背景基因型可能可以发挥作用要经过大量的筛选。

任重而道远——水产生物转基因的前景与挑战

◎王清印

　　我接到会议通知后就一直想给发言稿起一个合适的题目,就是一直确定不下来。昨天下班之前就想到用"任重而道远"这句老话来形容水产转基因研究面临的形势。对转基因的东西我非常感兴趣,一直在关注这方面的信息。我记得1989还是1990年,孙效文的实验室做转基因,我们还有过一段时间的合作。这些年尽管自己做的这个方面的工作并不多,但是对这个方面依然很感兴趣。这张图片展示的是转基因鲤鱼(图略),是大概3年前,我从效文那里获得的。这个鱼长了4年,上面的对照鱼是4300克,下面的转基因鱼是7800克,我对这条鱼真是产生了非常深刻的印象。

　　我看了一些材料,有两个方面的观点。国际农业生物技术应用服务组织(ISAAA)创始人兼董事长主席克莱夫·詹姆士(Clive James),他说:"2009—2010年间,转基因作物耕种面积增加了1400万公顷,使2010年全球的转基因作物种植面积增加到1.48亿公顷。"有人认为转基因技术已经好到了人们不相信的程度,说这个技术太好了,不用承受巨大的风险。同样是詹姆斯,他认为转基因技术已经通过了最严厉的检验,现在最大的风险就是不利用转基因技术。

　　我在水产科研战线上也干了近30年。我们在选择育种、杂交育种等方面做了很多工作,所有的育种工作在评价的时候都没有转基因育种这个门槛设得高。我认为转基因已经通过了最严厉的检验,基因改良生物可能成为发展中国家的突破性技术。同时,转基因鱼上市面临着严峻的挑战。我在两个星期以前看到一篇材料,说美国参议员Dianne Feinstein正式签字同意关于禁止转基因三文鱼的230号提案。这意味着无论内销还是外贸、运输、销售以及购买转基因三文鱼都是违法的。原来有报道称,预计到2012年,转基因三文鱼可能最早上到老百姓的餐桌,但是美国人把门关死了。我想我们还是要冷静、客观、科学地看待这个问题,单纯的争论是没有意义的。转基因技术在作物种植业的发展中起到了重要的作用,像水稻、玉米、大豆,这些没有人能够否定,特别是玉米、大豆,水稻现在中国已经在开始做了。但是转基因技术在创制水产养殖新品种中的作用,我们还要做很多工作。我自己在检讨,作为水产科技工作者,我们干了什么?研究所干了什么?那么多的大学、研究机构干了什么?我认为,我们的努力还是不够的,我们要加强正面的宣传尤其是典型事例的报道。科学家的责任很大,在座的各位有责任推动这个事情的发展。

我认为转基因技术是常规选择育种技术和杂交育种技术的一种延伸,我列了一个表(略),我们现在最常用的水产生物育种技术就是选择育种、杂交育种、多倍体育种,这些年在国家计划上都是有的。选择育种技术的做法就是把某一些性状的比率提高,或者说把某些性状相关的基因富集。我们做的中国对虾的选择育种,以生长速度为主要指标。用分子生物学的方法进行检测,这一性状在第一代中的比例为48%,到了第六代达到了87%,这说明我们要的这个性状已经富集了,这个优良性状所占的比例高了,所以整体的生长速度就快了,获得的效益就提高了。对选择育种没有人提出质疑。第二就是杂交育种,把父母本不同的基因通过杂交整合到子代身上,好像大家没有那么多的疑问。在畜牧业育种中杂交也是有的,我想杂交不也是外来基因的导入吗?也是一样的。多倍体育种是把同一个生物,原来是二倍体,现在通过技术手段人为地加倍成三倍体或四倍体。这些事情没有引起大家太多的争议,因为这有一个传统的观念在里面起作用。

我们科学家应该写一些这方面的文章,进行科学普及。王老师发表了很长的一篇报道,关于对转基因生物的报道。我觉得这个报道就很正面,两个方面的意见摆出来,整体非常的清晰。我们的科学家应该做一些科普宣传,让群众可以了解。很多人可能并不清楚转基因究竟是干什么的。

我主要有两个方面的意见:第一,我想作为科学家来讲,与其临渊羡鱼,不如退而结网。目前的争论有助于澄清模糊的认识,但是事实更有说服力。第二,如果对"入口"的转基因产品有顾虑,但是转基因用品的应用则易于被消费者接受。这句话我想了好几年了,大概是5年前的事,我曾经和农科院的一位科学家就转基因的问题谈了很长的时间,他给我详细地介绍了转基因技术的由来,主要是转基因抗虫棉。转基因抗虫棉这个产品群众是可以接受的,因为穿在身上不妨碍健康,而且在种植的时候可以提高产量。此外,还有转基因观赏鱼,观赏鱼大家很接受。我倒是建议,如果各个实验室有兴趣,可以做一些展示给大家看看转基因技术,比如说青岛水族馆就没有转基因的产品,我们为什么不能做一些给孩子们看看?从小学生开始普及转基因的知识,不要把最新的技术看成是豺狼虎豹,我认为很多群众是不了解转基因技术的,所以产生很多误解或疑虑。

根据目前的情况,建议加强基础研究,做好技术储备。我们还有很多的工作需要深入做。淡水鱼的转基因研究很有成效,海洋这方面转基因的技术,早几年几个实验室都做过。和淡水鱼类的转基因相比,海洋领域转基因工作做得远远不够。尽管发表了一些文章,但是很多东西还是很欠缺的。对外源基因在受体染色体上的整合机理、作用机制、安全性评价等做的还是比较少,能够信服人的证据还很不够。

我可能有些没有头绪。我看了很多这方面的东西,但是总结出来几句话却很不容易。我本人坚决支持转基因技术,也希望这项技术能够尽快在水产科技领域、在水产养殖业界应用起来。

孙效文:

刚刚朱院士讲的和王所长讲的是一个问题,和杂交育种比较,我记得朱院士讲了差不多有十年,我们要宣传转基因的安全性,这是一个方面。但是利用杂交育种这种情况来说转基因安全,反对者马上就提出意见,这个不太合适。转基因是在试管里加工过的,或者是用基因工程手段加工过的,按照纯分子生物学没有大问题,所以这是一个要好好谈论的话题。

朱作言:

现在我们这个技术,比如最近孙勇做的这个实验,我认为很好,生长激素进去以后必须要有受体,受体如何工作?两个受体能够形成两个二级体才能发生作用,我不用生长激素来激发二级体,就没有转任何生长激素进去,只是让它自然的不需要经过生长激素启发而生长。还有一个是基因干扰的问题,即便是外源基因,人们现在崇尚的就是尽量地减少外缘载体,但是启动子和调控部分,实际上这几年,特别是最近几年的研究,杂交太多了,一笔糊涂账,我们原来认为是编码基因等这样的思维,实际上这种思维已远远落后了,考虑最近几年的发展,基因内的 RMV,转基因进去以后的重组或者是交换甚至缺失随时发生,这种发生比我们在试管里加工要多得多,所以,这种杂交的不确定性,所带来的基因干扰也好,没有人能预测,至少在目前或者是相当长的时间内没有人能预测。

孙永华:

刚刚提到转基因是在试管里面进行加工的一个基因转接到受体鱼里面去,可不可以和杂交育种进行比较和比拟? 我觉得完全是可以比拟的,而且是这个影响要小得多。设想一下,我们现在所进行的转基因,这些元件在鱼体内都是存在的,如果染色体发生突变,这种基因就融合在一起,这个品种可能就是一个优异的品种,你用不用这样的? 我们只是在试管中加快一个进化的历程,我们要进行有目的的改造,这完全是可以比拟的,而且自然界是完全可以发生的。只是我们没有碰到这样的情况,如果遇到这样的情况,我们认为这是一个非常优异的性状和优良的品种。

朱作言:

这个命题的科学含量太高,涉及的学科很多,和老百姓很难说得清楚。

不育三倍体鱼是转基因的理想载体
◎刘少军

大家关心转基因鱼的两个问题,一个是食品安全,另一个是生态安全。在食品安全方面,因为转基因的成分都是来自鱼的基因,这与吃两种不同的鱼在口里是相似的,所以这个不是大的问题。在生态安全方面,刚才有很多专家提到转基因鱼到自然水域里面是不是会干扰其他的鱼类资源,其实这个问题如果从进化的角度来说不用太担心,因为很多近缘杂交鱼和远缘杂交鱼是能够繁殖后代的,杂交及基因交流是很好的进化动力,尤其是远缘杂交可能与千千万万各具特色的物种的呈现有关。转基因鱼放在自然界里面,也会受到周围环境的限制,每种生物体都会有自身生存的局限性,比如说像淡水白鲳,在温水里面可以适应的,在冷水里面就会死亡,在温水里面可以肉食其他比他小的鱼类,但在冷水里面就不能生存。然而,作为鱼类科研人员,有必要也有责任研制最安全的转基因鱼,最大限度地降低转基因鱼的潜在风险,最大限度地消除人们对转基因鱼生态安全的担忧。即使科研人员认为是安全的转基因鱼,也有必要通过研究来回答转基因的生态安全问题,不是说没问题就没有问题,必须有科学的数据来说明。怎样保持转基因鱼的优势,同时找到解决其生态安全的办法具有重要意义。我们实验室和中科院水生生物研究所朱院士领导的课题组长期以来在转基因鱼研究方面有很好的合作,共同承担了有关转基因鱼生态安全的"973"课题,我们多做、少讲,去年我们共同在《科学通报》发了一篇关于转基因三倍体鲤鱼的研究文章,介绍了用转基因二倍体鲤鱼和普通四倍体鲫鲤鱼交配制备转基因三倍体鲤鱼,在上述倍间交配的三倍体后代中有转基因三倍体鲤鱼,也有非转基因三倍体鲤鱼,在同样养殖情况下,转基因三倍体鲤鱼的生长速度是非转基因三倍体鲤鱼生长速度的2.3倍,差异是非常明显的。转基因三倍体鱼对其他二倍体鱼有没有影响?我们把转基因三倍体鲤鱼和二倍体红鲫鱼养在一起，没有发现转基因三倍体鲤鱼对二倍体红鲫的生物学特性有明显影响。我们的实验证明转基因三倍体鱼是不育的。有关不育三倍体鱼的不育机制问题，我们在普通不育三倍体鱼中做了较多工作。我们观察到有些不育三倍体鱼是有生殖细胞的，但是比对照鱼要少很多，发育也不正常。有些不育三倍体鱼的精巢能够发育到精子细胞阶段，但是不能产生成熟精子。从内分泌的角度来观察，不育三倍体鱼的脑垂体里面的一些激素排不出来，而且其性腺中的生殖细胞上的激素受体也较少，导致生殖细胞发育不好。从遗传角度来说，三倍体不育的根本原因是其染色体数目出现异常，不育三倍体鱼的生殖细胞中的染色体在减数分裂时会形成单价体，最终导致不育。朱院士领导的课题组在转基因鱼研究方面做出了突出成绩，我们实验室在鱼类远缘杂交和鱼类多倍体研究方面开展了一些工作，我们两个实验室合作有很好的前景。研究多倍体鱼是我们实验室的目标之一。多倍体是很普遍的，在植物里有很高比例的多倍体存在，其中有影响的例子就是萝卜和甘蓝杂交能够形成四倍体萝卜甘蓝。多倍体伴随在我们日常生活当中，如大家经常吃的无籽西瓜、香蕉都是三倍体。其中三倍体无籽西瓜的制备需要先研制四倍体西瓜，在四倍体西瓜的制备过程中涉及有毒物质秋水仙碱的处理使得染色体数目加倍，三倍体无籽西瓜是四倍体西瓜的后代，但是我们吃三倍体无籽西瓜并没有出现有害的结果，这说明需要大家科学、全面地看问题，而不要狭隘地强调某个环节。自然界里有的生物有具有相同的染色体数目，有的具有不同的染色体数目，人的染色体数目为什么是46条？有的鱼染色体数目为什么是50条？有的鱼染色体数目为什么是100条？这些都是非常有趣的问题，也是值得大家去研究的问题。鱼类有2.8万多种，我们认为，千差万别的鱼类形成过程与远缘杂交和多倍体化是有关的。我们长期的研究证明，远缘杂交可以导致两性可育的异源四倍体群体的形成，这种远缘杂交形成的四倍体鱼过程是生物的过程，没有有害物质的染色体加倍处理，由这种四倍体鱼制备的三倍体鱼比三倍体无籽西瓜吃起来更具有安全性。

张培军：

关于转基因安全的问题，实际上要和进化与自然淘汰联系起来，进化和自然淘汰要通过选择，通过基因改造和杂交产生的优良品种是一样的，在自然界优胜劣汰,我觉得如果是好的基因会很好地保持下来,这是一个观点。

另外一个,我对于不育的问题有一些看法,因为现在我们是考虑到转基因的生态安全,所以提出转基因不育三倍体的问题。我记得在最早的试验是和加拿大早期合作的时候,培育三倍体不育转基因育苗,只要长得快,这个公司每年大量培养这种育苗,然后就往外卖,生产有收益就可以了,这完全是从商业化的考虑,我觉得这也是因为转基因鱼不能商业化,就想到了一个没有办法的办法。我们现在的转基因鱼,其实是一种遗传组织改良,改良之后要把优良的基因在里面传承下来,完全不育就不是转基因鱼育种,所以关键的问题,可能还是要从其他的方面,包括我们刚才讲的生态实验的验证,还有媒体宣传等各方面,消除人们"转基因鱼危害生态"的观念。是不是转基因鱼会把原种、野种慢慢地掩盖掉、排斥掉?杂交也是这样,咱们现在养殖的植物、动物很多都是人工培育出来的,野生确实是少了,但是有的时候为了保持生态,我们还是要培养育苗。所以我觉得对转基因鱼也是这样。我同意朱院士提的,转基因技术确实和杂交技术是有类似地方,没有什么严格的区别,我们通过转基因也是为了改造养殖动植物的遗传,改造以后,还是希望它能够传下去,所以做不育确实是为了生物安全的问题,但是我觉得最终转基因的动植物肯定还要继续发展、研究,只要解决了生态问题,还是希望转基因鱼的品种传代。

刘汉勤:

我们讨论转基因的安全时尽量和杂交进行比较,我觉得某种程度上,杂交对生态安全的影响可能要大得多,这一明显的例子就是杂交鲤鱼,我们国家在20世纪七八十年代做了很多杂交鲤鱼的工作,现在很多鲤鱼的资源已经很难找到了,当然还有鲫鱼,包括我们现在也有很多新品种推向市场。造成这种局面的原因,我觉得不完全是育种的本身,而是我们国家水产的体系,我们国家的水产养殖体系完全是开放式的,所以我觉得我们需要建立一些封闭性的养殖体系,这也是一个重要的问题,要不然不仅仅是转基因鱼,其他育种的物种都会面临这样的问题,这是一个观点。

另外一个观点,对转基因操作的一些管理,可能更为重要。包括什么样的时间条件能够做转基因,什么样的基因能够转移,什么样的人具备资格做转基因。我觉得需要有相关的条例去约束。那些负面的案例往往传播得很快,我不太赞同鼓励些年轻的工作者可能很少去考虑这样一些风险,去做漫无边际的转基因,虽然不会有很大的负面效果。但是,媒体传播会很快,所以我觉得关于转基因鱼的安全条例,在操作管理方面也是非常重要的。

转基因鱼的致敏性评价

◎刘光明

　　我是研究食品的,今天是来向大家学习的,另外我希望能做转基因产品的保驾护航者。转基因会给我们带来很多的效益,但是它的安全问题也成为关注的热点,我今天要讲的是转基因鱼的致敏性评价。

　　转基因产品的安全问题之一就是致敏性,特别是对儿童,我认为这可能是一个值得关注的方向,我们转入了一些新的基因表达出来一些新的蛋白,从理论上讲都可能会引起过敏反应,我们实验室一直是做食物过敏研究的。实际上,从食物过敏或者是食品安全角度来讲,转入的蛋白都有可能是过敏原,特别是对儿童。一个是表达的蛋白是过敏原,有一个例子,转基因大豆,当时转的是巴西坚果2S清蛋白,导致原来对大豆不过敏的人有过敏反应,就是说转基因食品对过敏有影响。

　　另外,我们知道蛋白质有很复杂的结构,有些蛋白经过消化以后,变成一些小片断,抗原表位暴露出来以后,也可能会产生过敏性,其实食物过敏是人体的一个反应,人人都有免疫反应,但是它对过敏原可能是一个过度的不良免疫反应,表现出来的症状有很多种,比如说荨麻疹、皮炎、鼻炎、哮喘、口腔综合征,严重的可能休克导致危及生命。它会刺激体内细胞诱导细胞产生抗体,这个抗体可以跟肥大细胞上面的受体结合,当人体再次遇到过敏原的时候,它形成的复合物会使机体产生一些像组胺这样的物质导致过敏的发生。这是常见的过敏食物,包括花生、大豆、蛋类、坚果类、鱼类、小麦、牛奶、甲壳类,其中鱼类是很重要的过敏原。

　　最新的统计数据显示,大概有2%的成年人,还有6%～8%的儿童有食物过敏,我们国家的食物过敏发病率大概是6%,平均水平比世界平均水平可能还要高一些,过敏食物主要是水产品、牛奶、鸡蛋。

我们提出的转基因鱼致敏性评价的依据，第一个是法规的依据，首先是国务院的条例，还有农业部、卫生部的部门规章。

技术依据有两个，一个是CAC的食品法典委员会的两个原则，一个是《现代生物技术食品危险性分析基本原则》，还有我们国内卫生部和农业部的《转基因食品安全和影响评价指南》和《转基因动植物评价技术依据》，根据转基因食品安全评价的有关策略，结合药品、生物制品及化妆品的有关致敏性安全评价方法，转基因鱼致敏性评价的包括危险评价等。

看一下转基因鱼致敏性评价的程序，首先是致敏性来源，现在已经报道有160多种过敏食物，所以一定要搞清楚基因来源。第二是表达的产物的分子量是多少？一般过敏原的分子量是10～70kDa。还有包括序列相似性、热稳定性、消化稳定性，以及食物中的分布情况等。

参考植物性转基因食物评价，首先是对鱼类转入的基因来源进行判断；其次是进行基因及氨基酸序列相似性比较；第三是血清学实验；第四是稳定性及模拟肠胃液消化实验；第五是动物模型实验。

这个是联合国粮农组织规定的判定树（图略），基因来源是不是致敏的，如果不是就不会致敏的，如果是，就要进行特异血清筛选。接着进行靶向血清筛选，如果结果阴性，还要做热稳定性和消化稳定性的实验。稳定性实验的结果如果阳性，就可能会致敏；如果不是就再做动物模型，我们会用一些鼠科动物模型来做。

另外一个实验，我们考虑转基因鱼的致敏性还考虑非预期效应，比如说鱼的过敏蛋白主要是小清蛋白，对过敏的人可能对这个蛋白产生反应，转入新基因后对鱼类小清蛋白的表达不知道是增高还是降低。

如果是产品上市，上市以后还要进行一些后检测，会收集上市以后跟过敏性相关的一些临床结果，还有他们报告的一些副作用跟转入基因成分的因果关系，要建立很完善的报告体系，这个报告体系理论上讲是很好的。

下面我具体讲一些方法。

第一个是序列相似性的比较，就是跟国内外的过敏原数据库里面的资料进行比较，我们国家在北大医学部做了一个过敏原数据库，如果氨基酸序列和已知的过敏原序列相符超过35%，而且连续6个氨基酸序列一样，就有可能是过敏原。

第二个是特异血清筛选实验,这个主要是收集转基因的来源生物,然后采用血清来做筛选。要确定不具备致敏性,获得95%的可信度,就要大于6份结果是阴性;如果要达到99%可信度,要大于8份结果是阴性;如果是99.7%的可信度,要大于14份结果是阴性。如果确认具备致敏性,至少要做17份血清,95%的可信度至少是要求1/5是阳性结果;99%的可信度是大于20%结果是阳性。

第三个是靶向血清筛选实验,就是采用跟基因来源相近的生物,比如说做大米实验,可能会采用一个小麦的过敏血清;如果是做细菌的,就做采用霉菌的过敏血清做筛选;对鱼就做一些像对猪、牛这类过敏的血清来做一个靶向血清的筛选。

如果还是阴性,就做理化性质、稳定性及模拟肠胃液消化实验。比如说PM1.2是强酸的环境。根据消化产物的相对分子量大小来间接判断蛋白的致敏性,如果大于3500Da,就可能有致敏性;如果小于这个数,最好就做一下动物模型的实验。

第五是动物模型实验,我们要模拟人体对这方面有过敏性反应,在100人里面可能有2~3个人过敏,但是也还是要考虑这些问题。在动物实验里也是一样,有些动物可能不一定成功,有些可能成功。通过腹腔注射之后再通过口服,在这过程当中也存在差异,还有就是对弱致敏源的检出率,也是有所限制的,我们现在也在做细致方面的实验。

总的来讲,我个人是很赞成转基因技术的,我来做这个报告不是反对转基因技术,我也是想对转基因技术做一些保驾护航的建设性工作。我自己不做转基因产品,要拿到转基因的产品是很困难的,包括转基因鱼。有一次去水生所,我和汪老师、孙老师讲过,能不能采一些样给我们做接下来的工作。你们可能有各方面的考虑,实际上从我内心来讲希望加强这方面的研究,把风险降到最低或者是没有,让转基因鱼能够真正成为大家很放心的食品。

孙效文:

刚刚说的巴西坚果,是因为转基因之后有致敏性还是原先就有?第二,农业部现在做转基因产品的致敏性检测,以产生新的蛋白质为准,只要不产生新蛋白质就没有致敏性的问题,是这样吗?如果我们做的是转生长激素,转生长激素蛋白不需要做致敏性检测,如果说转一个微生物或者是没有的,是不是要做实验?

刘光明:

是对坚果过敏的吃了转2S清蛋白基因的大豆出现过敏反应。如果说转一个微生物或者是没有的,肯定是要做实验的。如果不产生新蛋白质,可以不做致敏性实验,但还是要考虑到非预期效应,比如说鱼的过敏蛋白主要是小清蛋白,过敏的人可能对这个蛋白产生反应,转入新基因后对鱼类小清蛋白的表达是增高还是降低,这个还是需要考虑。

汪亚平:

检测的过程非常的详细,但是每一步的检测结果都不具有排他性,我觉得一开始就做动物模型就行了,因为之前每一步都不具有排他性。

刘光明:

前面的方法比较简单,如果有致敏性的话,就不用再做下一步。

汪亚平:

比如说人群里面有2%的人对水产品是过敏的,如果有一个转基因的水产品做了过敏原的检测,若产生新的6%的人过敏,这种情况应该怎么判断?

刘光明:

从理论上来讲是有可能的。

汪亚平:

我们怎么评价它呢?

刘光明：

有的人对这个蛋白过敏，也可能对别的蛋白不过敏，有的人可能对鱼过敏，也可能对虾蟹不过敏。如果产生了新蛋白质，就可能增加了致敏性的可能。另外，还是要考虑到转基因的非预期效应。

汪亚平：

是不是实质等同？

刘光明：

如果产生了新蛋白质，就不是实质等同。

包振民：

如果按照平均6%过敏，转了以后3%的新的过敏，这个比例是降低了，但是出现新的，这个怎么评价？

刘光明：

如果产生了新的过敏，就产生了新的食品安全问题，就像前面提到的转2S清蛋白基因大豆的例子。

朱作言：

得出的结论应该是这个可以用还是不可以用，新的过敏严重还是不严重。我觉得这个是很重要的问题，任何新的食品出来不一定要做转基因，但是转基因一定要做检测，这不是一个简单的科学研究，而是一个准入把关的问题，比如说我们的实验，早期直接做了，现在送到北京 CDC，所有的检测都是由他们检测，没有任何差异，现在实验室有没有这样的资质论证？

刘光明：

没有。刚刚说转入外源基因，这个可能是没有生长危害的，但是转基因之后,可能过敏原增加了,理论上是存在的,你们有没有看到具体的报道或者是具体的事例?

刘光明:

有报道过,比如转2S清蛋白基因的大豆。

孙效文:

按照现在的情况下,也是很难确定的,像鸡蛋,对鸡蛋过敏的人很多。如果你测试的人群正好接近这类人的身体特质,那就出现负效应了;如果反过来,对敏感比较迟钝的人,吃了也没有问题,所以这个鉴定还是要很慎重。我碰到一个人,他自己40多岁了,都不知道自己对鸡蛋过敏。

刘光明:

是啊,国家政府部门、科研机构和消费者都很关注转基因产品的致敏性,我们前面也提到对于过敏性的判定很复杂,同时也是很慎重的。

关于水产生物转基因育种若干问题的思考

◎王志勇

　　我自己没有做转基因育种研究,曾经非常感兴趣,可是没有机会做,但对这个问题一直比较关注,包括各种各样的评价。

　　我今天主要是谈谈我自己的一些观点,没有什么研究数据。首先我是支持转基因育种研究的,我认为转基因是进行水产生物遗传改良的有效途径,值得开展广泛深入地研究。有人把水产育种总结成两个主要途径,一个是硬通路,就是转基因的途径。前面朱院士讲的在河南养出来的转基因鱼,6个月长到9斤,可能这条鱼的背景基因型就非常适合转入的基因的表达。我觉得对这条鱼的基因型进行深入分析是非常有价值的,值得对它进行全基因组测序,这可能是最佳的基因型,它可以成为一个模式或者一个标准,可以根据它进行设计育种,通过杂交或者是什么途径能够产生这样的基因型,它可以长到最好。这是一个硬通路。还有软通路,比如说现在即将要开展的全基因组选择技术,这些都是着眼于生物固有的多样性的方法,应该说都是有效的,但是可能硬通路来得更快一些。

　　第二,关于目标性状与研究对象。以前我们关注比较多的性状还是生长、抗病性、抗逆性方面。我讲一下饲料转化率的问题,我觉得这是非常重要、值得研究的性状。我们养殖对象里面有很多是肉食性的种类,养殖这些经济价值比较高的肉食性种类消耗了大量较低值的鱼类,这样可能导致养殖业发展不仅没有减轻对天然水生生物的捕捞压力,起到保护野生渔业资源的作用,甚至起到了破坏作用。为了养殖业提高效益和持续长久地发展,需要培育饲料转化率高的品种。

　　研究对象方面,我们目前考虑得比较多是那些直接用来食用的大型的种类,而对于饵料生物甚至是前面讲到的肠道微生物考虑得比较少,或者是没有考虑,但是我觉得这个是很重要的。台湾大学的蔡怀桢教授在转基因鱼方面也做了很多工作,还把荧光素基因转到透明的鱼里面去,肉眼就可以看到鱼心脏的跳动,现在就把转基因鱼当成药物作用的研究模型,可以通过观察转基因鱼心脏的跳动判断药物的作用。在这之前,他做过鲷的生长激素转到酵母里面去,然后用这种转基因酵母喂养鲍鱼,结果鲍鱼长得非常快,效果非常好。

另一方面,转基因鱼、虾作为食品可能比较不容易被接受,但我们可以做转基因饵料生物。另外,我们搞一些转基因的观赏鱼摆着让大家看,大家认识了、了解了,对转基因技术就不会那么恐惧了,对转基因鱼虾用于食用也就比较容易接受了。这也是一种"曲线救国"的途径。

第三,关于导入的成分。除了转单个基因外,可以考虑搞大片段的导入。2011年在评审国家自然科学基金项目的时候,和张洪斌教授讨论过这个问题,他说想做这么一个技术。一个性状往往受多个基因同时控制,控制某一个性状的基因常常集中在染色体的一个片断,转单个基因效果不是很好时,就把整个片段、很多基因一起转入。现在这个技术是可以实现的,作为转基因技术来讲也是值得重视的一个方案,将来可以开展这方面的一些研究。

第四,转基因水产生物的生态安全问题,这是大家很关注的,我对此还是持比较保守的态度,我认为在做出比较确定的安全评价结果之前,还是要尽量避免转基因水产生物流入天然水域。水产生物跟陆上的植物不一样,他们的分布区域非常广,而且水域是相通的,一旦转基因水产生物流入天然水域,同一物种所有的种群都可能受到影响。对另外的植物,比如说水稻,种质很容易保存,但是水产生物的种质很难保存,野生种群的种质一旦受到污染和破坏,就很难恢复。比如南方养的杂色鲍,台湾地区叫九孔鲍,前几年发生大量的脱板病等病害,本来台湾地区还有相当一些野生资源,这几年养殖的九孔鲍大量发病,野生鲍也大量死亡了。所以,我认为转基因水产生物的释放一定要慎重,要严禁贸然向天然水域释放转基因体,即使是能够确认不育的转基因体也不行,因为他们能造成食物与栖息地竞争或繁殖干扰,影响野生种群的生存、生长或降低野生种群的繁殖有效性,导致敏感种群丰度下降。国外在这方面已经有过比较多的研究,我们曾经在2004年也发表过这样的论文,里面对不能繁殖和能够繁殖的水产生物对于野生种群各会造成什么样的危害,都有一些论述。

另外,转基因群体的遗传多样性问题。转基因育种获得的有价值的个体通常很少,转入的又是单个基因,育出的品种遗传多样性很低,一旦流入天然水域又能够与自然群体交配繁殖,对群体的基因频率改变会非常大。这样的个体要是凑巧不适应环境,或者是对某一种病原敏感,一旦暴发这种病对种群会造成毁灭性的打击,所以这就是为什么要防止转基因体大量进入天然水域。要考虑增加转基因群体的遗传多样性,万一转基因个体进入天然水域,情况可能也会好一些。

陈松林:

如果是大片段的转移就有点盲目,很难说大片段把好的基因转进去的,不好的是不是也转进去了?

相建海:

大片段的转移可能是很重要的方法,比如说对大米的质量来说,染色体片断转进去以后改变了性状,但是这个在水生生物当中有一些难度,有很多的工作要做。

陈松林:

对结构有一些比较仔细的描写,对于基因组测序也应该可以试一下。

相建海:

如果基因组全部测序以后,对生物信息了解很透彻,有目的地组织一些片断,可能会更有前景。

王志勇:

了解哪一些性状控制位点在什么地方,都怎么控制,将来把这些DNA片段集中起来,甚至可以做成人工染色体之类的东西,可以随基因组复制。

白俊杰：

像生长激素基因，其实饲料转化率是提高了，可能饲料转化率不是具体的基因，而是一个系统作用。还有讲到曲线转基因，其实张教授他们也做过酵母，把生长激素基因转到酵母当中去，我们当时也做过，表达生长激素，特别是喂小鱼，蔡教授也做过这个实验，效果也都是很好的，特别是一些开口饵料促进了鱼的生长，是很有效果，但是也出现了几个问题，毕竟还是一个转基因的问题，我们原来也想和一家公司合作，一个问题是这个东西毕竟是转基因的，老百姓听到中国的鱼是吃了转基因酵母长大的，可能也很难接受，市场上就很难接受。另一个方面，转基因酵母包括一些低等的动物转基因做饵料用，有一个问题就是这个东西必须要灭活，要不然就作为饲料，到时候环境又是一大问题，所以讲到具体的问题，一个是食品安全，另一个是环境安全，问题很多，好像最后就没有办法解决了，我们有这样的困惑。

朱作言：

我觉得有两点，其中有一点我希望非常明确，在安全评估没有进行之前，尽量不要让它释放出去，而是一定不能让它不能释放出去，包括食品安全、生态安全，这两点如果没有得到权威部门的认可准入，一定不能，所以我们的实验都是在严格的可控条件下进行的。第二，关于刚才讲的片断的转移问题，我觉得可以在农业方面，农科院作物所做的"973"项目，是骨干亲本，就是某一个品种拿去以后，和不同的品种杂交都会产生比较好的结果，而其他的东西可能产生这些问题，所以这个就是骨干亲本。其实是某一个染色体或者是某两个染色体有集中的躯干，有些分子都集中在这里，所以拿它去杂交都可以产生很好的效果。刚刚讲的某一个染色体片断转移，这都是常规杂交可以做得到的，现在如果真正的要做到人工的找到这一段，那就得等效文团队的基因组出来，然后优秀的分子集中在一起。我想从技术上来讲还是有问题的，也不是完全可以解决，像大片、超大片的基因如果是有效地整合到特定的部位还是有一定的问题。现在有一种新的概念叫合成生物学，那不是天然的骨干亲本这些优秀分子让我们拿去转移，而是做模块元件，包括一个性状一个模块，比如说抗寒的模块，这个模块里面有多少有效的基因,它们的调控序列等。要组装成一个人工的染色体片断,对染色来说很短,对基因来讲是很大的人工合成的东西,这个是将来真正的合成生物学或者是分子育种,就是人工设计某一个模块、某一个性状的模块,这里面包括很多的基因。在调控网络清楚的情况下,来做这个模块进行转移。

转基因与精原细胞移植技术相结合快速繁育名优养殖鱼类

◎王德寿

我想借此机会,呼吁水产生物技术委员会、中国水产学会、中国科协推动鱼的转基因研究加入到转基因专项里面去,因为到目前为止鱼类并没有纳入到转基因专项。

我想对基因的转移技术做一些探讨,就是转基因与精原细胞移植技术,相当于干细胞技术,两个技术结合起来,快速繁育名优养殖鱼类。产生这个观点我受到日本学者 GoroYoshizaki 的影响,也受到中科院水生所各位同行,特别是朱作言院士实验室的影响。

我们知道,养殖鱼类通常要 2~3 年甚至更长的时间才能性成熟,而且多数一年只产一次卵,这样苗种来源和开展转基因注射的时间都很有限,是一大瓶颈。大家知道罗非鱼是一个很好的实验模型,性成熟时间短,6~8 个月,产卵周期短,14 天产一次卵,中国是罗非鱼第一大生产国和出口国。能不能用罗非鱼作为代理母亲来生产其他养殖鱼类?罗非鱼还有一个优点,通过培育 YY 超雄鱼,让超雄鱼与雌鱼(XX)繁殖能生产全雄鱼(XY)。我们实验室可以在室内严格控制亲鱼培育、人工繁殖、整个孵化过程,很多的养殖鱼类是做不到这一点的,但是对罗非鱼,可以通过水族箱、循环水养殖系统就可以把这些做得很好,这样可以有效地控制受精时间,这对开展转基因研究尤为重要。我们的想法是利用精原细胞移植技术,可以通过转基因 GFP 或其他技术标记性腺生殖细胞(精原细胞),解剖性腺分离、离体培养精原细胞,冷冻保存,或者直接移植到自身不育的代理亲鱼的性腺里面去。另外,就是把性腺精原细胞分离出来以后,在离体培过程中,通过转基因技术把我们感兴趣的靶基因(比如抗冻、抗病基因)转进去。再移植到代理母亲体内,经发育成熟产生精子和卵子,两者受精,孵化育苗,就能实现基因的高效、快速转移。

还有就是在物种之间,比如说金枪鱼要多年才能性成熟,亲鱼个体很大,能不能通过把精原细胞或生殖干细胞取出来,移植到个体较小、性成熟年龄短但自身不育的鲐鱼性腺中去,通过代理母亲来繁殖金枪鱼,通过这些技术来实现跨种繁殖和保护?对于罗非鱼来说,我们是否可以用它来做代理母亲繁殖鳜鱼等名优养殖鱼类?

要应用这些技术,首先要有不育的代理母亲,可以通过几个方法来实现,一是用 busulfan 来处理鱼苗,去除其生殖细胞;二是通过转基因敲除生殖细胞;还有一种办法就是刘少军教授谈到的三倍体技术,利用三倍体不育特性来做代理母亲,自己不能生育,我们可以通过移植精原细胞恢复育性来产生配子。

其次是利用转基因技术标记供体鱼生殖细胞,Vas、Nanos 等都是生殖细胞特有分子标记,向供体鱼受精卵转入 pTol2 - VasaP - GFP - vasa - 3'UTR 或 pCMV - GFP - vasa - 3'UTR 的重组质粒,就能标记供体鱼生殖细胞。通过流式细胞分选 GFP 标记的供体鱼生殖细胞(也可经离体培养冷冻保存),向稚鱼腹腔(或成鱼泄殖孔)注射植入罗非鱼代理母亲(或性腺)。或不经分选,将获得胚胎期含生殖干细胞的多能混合胚胎细胞直接注射植入罗非鱼代理母亲体内。再通过检测 GFP 可以看到移植是不是成功,即生殖细胞在受体鱼性腺里面是不是正常发育。

我们设想,是不是通过这些技术,结合罗非鱼的特性,把罗非鱼的生殖细胞或者其他供体鱼的生殖细胞分离出来,通过离体培养和转基因研究,得到阳性转基因生殖干细胞或者是精原细胞,然后再移植到不育的受体鱼体内,进而产生转基因的配子和后代,能不能通过这种技术做抗病的转基因鱼,做抗冻的转基因鱼,再进行传代、选育和交配,构建成功转基因鱼。

另外,通过这项技术与我们的超雄鱼 YY 结合,我们也能够建立超雄鱼生产体系,把超雄鱼 YY 的精原细胞分别移植到三倍体的雌鱼和雄鱼。值得一提的是,精原细胞在受体鱼体内发育成卵子或精子,和移植的是精原细胞或卵原细胞没有关系,有关系的是这个受体鱼的性腺是卵巢还是精巢。这样,我们就能得到拥有 Y 染色体的卵子和精子,受精就可以得到 YY 鱼,从而快速建立 YY 的繁育体系。

用这项技术,我们也能够对一些濒临绝灭的物种进行保护,先把他们的精原细胞拿出来,通过培养,冷冻保存,在技术成熟的时候再把它们移植入不育的罗非鱼的代理母亲体内。同样,植入雄鱼里面产生的是精子,植入雌鱼里面产生的就是卵子,精卵结合繁殖出濒临绝灭的物种后代,实现对它们的保护。

我简单地介绍一下我们实验室另外一项技术,刚刚大家讲的很多都是控制生长的转基因实验,我们实验室做了另外一种实验,能不能用转基因的方法控制罗非鱼的性别?我们最初是用超强的启动子,在后面接上性别相关的基因,比如说Dmrt1和Foxl2,两者分别在雄、雌性腺特异表达。我们想,既然基因在性腺表达是有差异的,如果让雄性表达的基因在雌性表达,或者是让它们的显负性突变体在同一在性别的性腺进行表达,比如在XX性腺过表达Foxl2的显负性突变体DnFoxl2或者是在XX过表达Dmrt1,而在XY性腺过表达Foxl2,会产生什么后果?我们当时检测了这些鱼,结果我们发现有转基因阳性个体,雌激素合成的关键酶——芳香化酶在转基因雄鱼(XY)性腺表达,而在对照雄鱼性腺中是看不到芳香化酶表达的。同时我们还得到一个很重要的结果,在XX转基因的性腺发育很不正常,仅剩下几个卵母细胞还是正常的,多数退化,表现为部分性逆转。我们还得到一尾转Dmrt1后完全性逆转的XX雄鱼,产生的精子可育,精子的尾巴又粗又长,遇水后游动的时间也较普通雄鱼的精子长得多。

孙效文:

我们中国古代神话当中想象力比较丰富,葫芦娃就是植物代孕和动物代孕的概念,不同种类之间能够代孕吗?

王德寿:

日本东京做的一个实验,在同一个科里面完全可以实现。

温海深:

我觉得在罗非鱼方面做的工作很好,而且我感觉做繁殖模型罗非鱼是非常好的动物,但是我感觉背景非常复杂,种类比较多,设想我觉得还是非常好的,我想古巴有很多的资料,利用罗非鱼适应繁殖性的特点,生产一些人的活性结构问题,但是我觉得作为不育的东西,不太好把握,因为这种鱼的繁殖能力太强了,我觉得这个技术可能很复杂,才能保证不出意外,我们是不是可以模仿古巴所做的工作?

王德寿:

　　他们一直用的是尼罗罗非鱼,我们在实验室不引入其他物种,绝对在一个实验室可控的条件下繁殖,所以安全性是有保证的。说不育的问题是一个问题,因为不育不是绝对的,包括远缘杂交的不育,时间长一点也可以。

关于转基因鱼生态安全问题的一些思考
◎殷　战

　　我直接讲实验室做的一点工作,PGC 是鱼类的生殖细胞,不管是卵子还是精子都是来源于原始生殖细胞的,有些基因是在这些生殖细胞中特异性表达的,其中包括 DND,这个是在鱼类原始生殖细胞里面特异性的表达,而且一开始就表达,一直到性成熟,在雌雄鱼的性腺组织中的生殖细胞中都有表达。至于 DND 的具体生理功能,在此我就不提了。

　　另外,要讲有一个酶是来源于好多细菌都有的硝基还原酶,即 NTR,是细胞内可以把甲硝唑变成甲胺唑,使甲硝唑就变成了一种药物,可以杀掉细菌。因为细菌有这种酶,当这种化合物加进去的时候,就可以把它还原成甲胺唑,而甲胺唑对细胞具有毒性,可以消灭细菌的细胞。

　　有人利用这种特点,就把斑马鱼的启动子调控大肠杆菌的还原酶,得到了这样的转基因鱼,利用这样的转基因鱼,加上甲硝唑,如果浸泡 48 小时,可以使得表达的细胞,若在胰腺中特异表达 NTR,可以将胰腺细胞大量的杀灭,如果泡80 小时,胰腺细胞彻底就没有了。借助这个方式,我们实验室最近刚刚做了一个转基因的斑马鱼,已经得到了 F2 代,当然我是用斑马鱼做的,我想提供的是一种概念,我们用了斑马鱼的生殖细胞特异性的启动子,表达大肠杆菌的硝基还原酶,我们得到了转基因的品系,就是在性腺中的生殖细胞当中表达了大肠杆菌的还原酶,然后在 20 天的时候用甲硝唑开始处理,处理 10 天之后,转基因鱼的生殖细胞所表达的荧光已全部消失了,而用对照溶剂处理的性腺依然还有被荧光标记的生殖细胞。这意味着什么? 意味着我们在封闭的转基因的实验基地当中,可以养殖这样的转基因的鱼类。我依然认为,最好还是不要主动地放到大水体里面,还是尽量放在集约化的养殖水体当中。经过处理的鱼体出去都没有了繁殖能力,因为没有生殖细胞,性腺虽在但已经失去繁殖的能力了。

放在所有水体里面的这些鱼要有这样的特点,在封闭的实验基地里面,简单地说打一个比方,如此一来这样的转基因养殖的鱼的品性、基因组里面含有外源DNA,也来源于硝基还原酶,来源于经 Clontech 公司改建的水母荧光蛋白。

一旦我们拿出去给各种集约化养殖水体,我们可以处理,处理它以后,基因组里面将含有大肠杆菌的 DNA 和来自水母的 DNA,但是注意养殖品种当中除去了没有任何外源表达,本来只在生殖细胞当中表达大肠杆菌的酶,但是在拿出去之前,因为我们希望它不孕,所以我们全部处理掉了,所以无任何外源蛋白在养殖鱼类表达。

生殖细胞当中会出现 NTR – EGFP 的表达,但是在普通的养殖池塘中,它们没有生殖细胞,所以不能繁殖,至于和其他的野生鱼类进交配,因为没有生殖细胞,所以也不会有水平转移的情况。

在这里想说一下食品安全方面的话题,养殖基地外的养殖品种无外源蛋白表达,养殖品种还含有生态安全方面的表达。我这里想指出,我们转进去的硝基还原酶是本来就有的 DNA,根本就没有表达,至于生态安全,在基地外,因为不会交配也不会产生遗传物质的转移,所以对种群的影响只局限在这一代,并且可逆。或者说若后悔了,可以把它再收回来,只要不让它再出现,在水体里面不繁殖,应用的潜力,理论上可以用在多种鱼类上,我们可以让鱼也表达在原始生殖细胞当中,至于其他的鱼类,我相信也是可以的。

第二个就是可以在此品系基础上进一步开展其他性状的改良研究,包括转基因改良。所有转基因的改良,最后都担心影响生态安全,都可以用这个办法,把 PGC 在出基地之前杀掉。

第三个,育种资源及知识产权的保护。所有的科学家除了为了生态安全着想,同时为了知识产权获得一定的收益,希望他的鱼拿出去之后,别人买了一代之后再买下一代。

孙效文:

在胖头鱼方面有研究吗?

殷　战：

　　没有,我们只是做斑马鱼,那个时候鱼卵非常小,在 F1 代的时候,16 天的时候在原始细胞当中表达出这个酶,这时鱼的体质就有点大了,所以我们看了一下,如果处理 6 天,看的荧光已经明显地减少了,但是过了两三天的时候荧光又出现了,也就是没有杀干净,所以不得不用 10 天将它彻底杀灭。这就是目前我现在要处理 10 天的原因,但是我现在正在让学生改进,我们犯了一个大的错误,就是原来我们没有发现 DND 的 3′–UTR,对它在生殖细胞中的特异性表达可能有很大的作用,我们现在重新构建我们的载体,希望它能够尽量提前,如果提前在鱼卵时就可以处理,那个时候我相信一天两天就够了。

邹曙明：

　　转基因后的鱼在生长、存活方面会不会受到影响? 既然鱼要用甲硝唑处理,才会不育,要释放之前直接把它杀死就可以了。

殷　战：

　　我这个释放是在水生所在这个基础之上做的某一种。先回答第一个问题,本来我对生长感兴趣,我一直认为把繁殖放在上面,很可能会促进生长,繁殖能力如果减弱或受到抑制。在内分泌调控方面,如果有一方面偏了,那么另外一方面,比方说生长可能就提高了。我们之所以杀灭它,因为要把这个鱼放在外界水体里面养。比如说青岛要养这个鱼,就在我们出所之前彻底杀灭 PGC,再卖给青岛,在这里会长得很快,但是拿它繁殖,却没有生殖的可能性。

转基因鲤鱼生存力和繁殖力研究

◎汪亚平

这是我们 2007 年前后做的一项研究工作。前面的专家已经谈了很多有关转基因鱼生态风险的问题,归纳起来,主要是两个方面的问题,一个是转基因鱼能否在自然水体中形成优势种群,进而导致群落结构的破坏甚至野生种群的灭绝;另一个是转植基因是否可能通过有性生殖方式转移到其他物种中去,造成自然种群基因库的"污染"。前面一个问题是大家关注的焦点。

转基因鱼生态风险评估主要关注两个适合度参数,一个是所谓的生存力,包括各个阶段的生存能力;另外一个是繁殖力,包括精子、卵子的数量和质量,性成熟年龄,以及个体大小和行为学上的一些问题,如配偶竞争和妥协等。这是两个评价转基因鱼生态风险的重要指标。2004 年前后,美国普渡大学的一个实验室用转基因青鳉做了一项研究,实验是在水族箱中进行的。实验结果发现,转基因青鳉的雄鱼由于个体比对照组的大,在配偶的竞争中有很大的优势,大概是对照组雄鱼的 4 倍;另一方面,转基因青鳉的后代存活率比对照组的低,日存活率在 92% 左右,基于这些数据他们建了一个数学模型,模型预测的结果显示,如果将转基因青鳉释放到自然水体中,在 50 代之内,转基因青鳉可能导致野生青鳉的灭绝,这就是所谓的"特洛伊基因假说"。这个预测结果耸人听闻,在 *Pnas* 上发表以后引起了轰动,或许这也是很多人期待的一个结果。

这个假说也受到很多研究者的质疑,主要是这个假说的普适性问题。我们知道,鱼类的生存环境和繁殖方式千差万别,鱼体的大小对繁殖过程的影响可能各不相同。转基因鲤鱼和转基因青鳉一样,也会造成野生种群的灭绝吗?出于这样的考虑,我们实验室对转基因鲤鱼的生存力和繁殖力进行了研究。

我们选择了 6 尾对照组雌鱼和 6 尾对照组雄鱼,对照组雌鱼的体重在 3 千克左右,以及 6 尾转基因雄鱼。对照组雄鱼的体重在 1 千克左右,转基因雄鱼分为两组,一组是1.5千克左右,一组在2.5千克左右,这样的设计是想看看雄鱼的个体大小对它的繁殖行为是否产生影响。在3月鲤鱼开始繁殖前,我们将这18尾鱼放入一个2亩的池塘。为了尽量模拟自然状态,实验鱼塘不做任何人工的干扰,如投饵、充氧和换水等。6月中旬鲤鱼繁殖结束后,从池塘中随机取了1000多尾鱼苗,进行亲子鉴定,确定每一尾鱼苗的亲本。

根据文献资料,我们选择了9个SSR标记用于子代的亲子鉴定,数据分析用的是Cervus2.0软件,一共检测了1138尾子代个体。从这张表可以看到(表略),每一个父本和每一个母本都产生了后代,这和青鳉实验中的情况有所不同,在青鳉的实验中,有些雄鱼是没有子代的。出现这种情况可能有两个方面的原因:一个是鲤鱼在繁殖季节是分批分次产卵的;第二,鲤鱼繁殖行为上是采用群婚的制度,这样一来,每一尾雄鱼都有机会产生后代。

我们对转基因雄鱼的子代进行了PCR检测,因为转基因雄鱼是杂合子,理论上它的子代中有50%的阳性鱼,实际的检测结构显示,转基因雄鱼子代的平均阳性率为12.16%。这说明一部分转基因鱼子代夭折了,转基因幼鱼的相对存活率是13.85%,相对日存活率大约为98%,青鳉转基因幼鱼的相对日存活率是99%左右,看来转基因鲤鱼的存活率和转基因青鳉的没有太大差别。

我们关心的另外一个问题是个体大小对繁殖的影响,大个体的雄鱼会产生更多的子代吗?从这张表上可以看出来,小个体组(T1—T3)和大个体组(T4—T6)的子代数量没有什么差异,尽管它们的体重相差有1千克。这两组鱼的子代阳性率也没有显著差异,小个体组是13%,大个体组是11.31%。

我们再将转基因鱼和对照鱼的子代情况做一个比较。从这张图中可以看到(图略),6尾对照鱼产生了694尾后代,6尾转基因鱼产生了444尾后代,在整个子代群体中,对照鱼子代占60.98%,转基因鱼子代占39.02%。从这个结果看,对照雄鱼的繁殖力高于转基因雄鱼,不过这个数据是有偏差的,由于转基因鱼子代幼鱼有比较高的死亡率,所以简单地用存活的子代数量来推算可能会低估转基因鱼的繁殖能力。为了更准确地推算转基因雄鱼的繁殖能力,转基因鱼的存活子代数量需要做一个校正,根据我们的前期研究数据,在人工授精的情况下,转基因雄鱼和对照雄鱼的授精率和孵化率是没有什么差异的,基于这一点,我们将转基因雄鱼的阴性子代数量乘以2后作为转基因鱼子代数量的校正值。这样一来,我们看到对照组雄鱼的子代占47%,而转基因雄鱼的子代占52%,转基因鱼的子代数略高,但没有统计上的显著性,从这里,我们基本上可以得出一个结论,转基因雄鱼和对照雄鱼在繁殖力上是没有显著差异的。

通过上面的研究,我们得出两个重要的数据,一个是转基因鲤鱼子代幼鱼的相对日存活率是98%,另一个是转基因鲤鱼和对照鲤鱼的繁殖力没有显著差异,量化一下就是,转基因鲤鱼的繁殖力是对照鲤鱼的1~1.5倍。基于这两个数据,我们回到先前Muir的模型,将我们转基因鲤鱼的两个数据和转基因青鳉的两个数据做比较,转基因青鳉的相对日存活率是99%,转基因雄鱼相对于对照雄鱼具有4倍的繁殖优势,转基因青鳉处在"灭绝区域",世代数是50;而转基因鲤鱼处在一个"安全区域",即不在这个模型的"灭绝区域",也不在"入侵区域"。看来即使采用同样的模型,对于不同的转基因鱼会得出不同的结果。

基于上述的研究,我们基本上能得出两个结论:第一,转基因青鳉模型的研究结论不适用于转基因鲤鱼,转基因鱼的生态风险评估需要进行个案分析;第二,大个体转基因鲤鱼并不具备繁殖竞争力优势,同时转基因鲤鱼幼鱼存活力低,不可能形成优势种群,转基因鲤鱼在自然种群中将以较低的比率存在,或最终消亡。

孙效文:

转基因鲤鱼和非转基因鲤鱼不交配吗?

汪亚平:

交配。

孙效文:

其实我认为你说的这两个问题不是最重要的,我们关心的另外一个问题就是外源基因水平交配。

朱作言:

我觉得这个工作做得非常艰苦。比较重要的是,转基因鲤鱼如果一旦释放出去以后,会和野生鲤鱼进行交配,但是交配结果不会改变种群的结构,这是最关键的结论,而且长此以往,转基因鲤鱼的种群规模会慢慢萎缩。

相建海:

转基因鲤鱼与野生鲤鱼交配产生的后代阳性率是多少?

朱作言:

转基因阳性率是50%。

相建海:

再往下传播呢?

朱作言:

作为一个新的成员会存在下去,但是存在多少世代说不清楚,本身存活率会越来越低。整个青鳉在50代以后将在世界上消失。

相建海:

我非常赞赏这种论证工作,我们现在在生态安全和引进的工作上产生了一个很大的问题,引进非常盲目的,大批引进之后,在我们国家能不能造成比转基因还要更加严重的问题?

记　者:

转基因鱼在生长速度方面也会表现出非常好的优势,还是没有明显的生长优势?

汪亚平:

转基因鲤鱼有明显的生长优势。不论是在人工饲养条件下,还是在自然的状态中,转基因鲤鱼的生长速度大约是普通鲤鱼的两倍。

鱼类转基因研究中几个观念的转变和鱼类原始生殖细胞操作

◎孙永华

　　我们先来回顾和展望一下鱼类转基因研究中几个观念上的转变。一是转植基因的来源从"人"到"全鱼"的转变。在20世纪80年代初期,也就是朱作言先生领导开创转基因鱼研究的时候,可利用的基因资源有限,当时所使用的转植基因是来源于人的生长激素基因。利用这个体系建立了一个完整的"转基因鱼研究的理论模型",揭示了转植基因在鱼类基因组中整合的动力学过程,发现了外源基因在胚胎发育进程中的"渐进式整合",在基因组中整合位点依赖性的"位置效应",以及在不同组织细胞中整合的"嵌合体效应"。显然,鉴于伦理和安全的考量,这种"人生长激素基因"转基因鱼应用于产业化是不合适也是不恰当的。于是,朱作言先生提出并构建了"全鱼"生长激素基因用于鱼类的基因转移。近些年来,我们在以应用为导向的快速生长转基因鱼研究中,所使用的均是"全鱼"生长激素基因。也就是说,用于构建转植基因的所有基因元件都来自于鱼体自身,这些基因的表达产物也是我们日常食用的鱼体内天然存在的蛋白质。因此,通过简单的逻辑推演,我们甚至可以说这种"全鱼"转基因鱼根本就不存在食品安全的问题。即便如此,我们还是开展了一系列严谨实证的科学试验,结果显示"全鱼"转基因鱼具有严格的"食品安全性"。我注意到,在一个有一定影响力的网站上存在一种说法,"现在的转基因鱼很有害、不能吃,这种转基因鱼所使用的是人的生长激素基因"等。实际上,这样的一些言论根本就是道听途说、捕风捉影、散布谣言,不值一驳。我们所利用的转植基因早就完成了从"人"到"全鱼"的转变。

　　二是转植基因的来源从"全鱼"到"可用于鱼"的转变。朱作言院士在不同的场合都提到一个概念:在以应用为导向的转基因鱼研究中,如何让转基因鱼获得某种传统育种无可比拟的优势？我们可以反思一下这个问题。如果我们期望利用某种鱼自身存在的基因的转移，来获得特定的优势性状，由于某种鱼体内存在这个基因，在这种鱼的群体中必定可以找到具有这种特定优势性状的个体。那么，这种通过转基因所获得的性状自然很难称得上是一种"不可比拟"的优势。如果我们期望让转基因鱼获得一种真正意义上"无可比拟"的优势，是不是可以从这么一个角度来思考：也就是说，利用某种鱼类基因组中根本不存在的酶类基因，通过转基因途径让转基因鱼来完成普通的鱼甚至是我们人类都无法完成的催化生物学任务。由于这些酶类在鱼体内没有任何的本底的背景基因的干扰，所以只要在有足够底物存在的前提下，通过单基因的转移应该就可以高效地达到我们的目标。这也是利用转基因鱼进行如今非常热点的"合成生物学"的具体实践。因此，我就想提出这样一个概念供讨论：在今后的鱼类基因工程实践中，可利用的基因资源可以不仅仅局限于"全鱼"，只要是"可用于鱼"，大可以拿来使用。也就是转植基因的选择思维可以从"全鱼"再次回归到"非鱼"（或者称作"可用于鱼"），但这不是一种简单的回归。我想举一个具体的实例，肉类中含有很多饱和脂肪酸；橄榄油等油类含有单不饱和脂肪酸；花生、大豆等含有大量的 Omega-6 多不饱和脂肪酸；三文鱼、核桃、深海鱼油等含有一定量的 Omega-3 多不饱和脂肪酸。现代饮食生活习惯已经使得我们体内的 Omega-6 和 Omega-3 不饱和脂肪酸含量产生了严重的不平衡，而这种不平衡可能导致 50 多种临床疾病的患病风险增加，因此包括美国食品及药物管理局（FDA）在内的十多家权威机构都推荐正常成年人每天都需要补充一定量的 EPA 和 DHA 等 Omega-3 不饱和脂肪酸。但是，Omega-3 不饱和脂肪酸的来源非常有限，譬如深海鱼油等富含 Omega-3 的食品也不是所有的人每天都可以足量摄取的。我们的前期研究表明，我国主养的几种淡水鱼体内都含有丰富的 Omega-6 不饱和脂肪酸。如果我们能够通过转基因手段将这些鱼体内的 Omega-6 不饱和脂肪酸转化为 Omega-3 不饱和脂肪酸，这样大众在日常食用鲜美的鱼肉就可以摄取到足够量的 EPA 和 DHA 等不饱和脂肪酸，从而解决 Omega-3 不饱和脂肪酸来源缺乏的问题。实际上，所有的脊椎动物，包括鱼类和我们人类自身，都没有能力从头合成 Omega-3 不饱和脂肪酸。三文鱼等深海鱼体内之所以含有较高含量的 Omega-3 不饱和脂肪酸，是因为它们通过食物链利用和储存了藻类中的 Omega－3 不饱和脂肪酸。如果我们把藻类合成 Omega－3 不饱和脂肪酸的关键基因转移到鱼类基因组,这种转基因鱼就可以通过产生藻类的 Omega－3 合成酶,从而获得合成 EPA、DHA 等 Omega－3不饱和脂肪酸的能力。由于这种转基因鱼将会获得一种全新的催化合成营养物的能力,也就是获得野生鱼所不具备的某种优势,因此我们可以说,通过这种转基因确实让受体鱼获得了一种"无可比拟"优势。总之,如果希望让转基因鱼获得某种真正意义上"无可比拟"的优势,我们可能需要在基因选择的思维上有一个大的突破,不要仅仅局限于"全鱼"基因。

三是用于构建转植基因的编码基因从"天然基因"到"设计基因"的转变。对于鱼类的基因转移,如果我们的目标性状是促进生长,很自然地就想到利用"生长激素"基因。当然,生长激素基因的转移可以很明显地促进转基因鱼的生长。但是,其深层次的机理则是生长激素蛋白结合了生长激素受体,使其受体变成活化的二聚体结构,从而激活下游的生长激素受体信号通路。如果基于对这个通路的细致解析,我们也可以人为地设计生长激素受体基因,获得更强的促生长效应。比如我们利用一种特殊的多肽拉链结构替代生长激素受体和生长激素相结合的这一区段,这个新设计的生长激素受体就会不依赖于生长激素而形成活化的二聚体形式。这个策略在理论上是可行的,实际上确实也是有效的。我们利用斑马鱼模型进行了一系列实验,结果表明这种激活型的生长激素受体基因所表达的蛋白在结构上形成致密的二聚体,在转基因鱼的不同组织中促进信号通路靶基因的高效表达,进而促进转基因斑马鱼的生长。所以我想,日后在转基因目标基因的选择上,不能仅仅局限于自然界天然存在的这种基因的结构。因为随着分子生物学和细胞生物学的发展,我们可以把很多信号通路解析清楚,从而设计出更多更加高效的基因元件用于基因改良。我也认为,鱼类转基因所选择的目标基因从"天然基因"到"设计基因"的转变,将是今后发展的一个重要方向。这个观点也供大家探讨。

在今天上午的报告中,好几位专家都提到,生态安全问题是转基因鱼产业化所必需直面和亟待解决的一个重要课题。实际上,对转基因鱼生态安全的担忧无非包括两个方面:一是转基因鱼可能形成优势种群;二是转植基因可能通过有性交配在同种或者是异种间发生遗传漂移。因此,控制转基因鱼的生殖能力将从根本上解决转基因鱼潜在的生态安全问题,为转基因鱼的产业化提供重要的技术保障。而鱼类的生殖细胞由胚胎时期的原始生殖细胞发育而来,如果能够大量获得原始生殖细胞被特异剔除的转基因鱼,将能够从源头上解决转基因鱼的生殖控制问题。另一方面,鱼类转基因育种需要解决转基因效率低下和筛选困难的问题。做转基因鱼的研究同仁可能都有这样的体会,我们往往需要养殖成百上千的转基因鱼 P0 代个体才有可能筛选获得具有优良性状的转基因 F1 代。因此,转基因鱼 P0 代研制、养殖、筛选的工作强度都非常巨大,耗时耗力,这已经成为制约转基因鱼广泛应用的重要因素之一。事实上,我们研制转基因 P0 代的最终目的是获得转植基因可以高效遗传的 P0 代个体。因此,从本质上而言,我们在研制 P0 代转基因鱼的时候,不是为了研制转基因的 P0 代个体自身,而是为了研制转基因的 P0 代生殖细胞。也就是说,我们并不关心 P0 代鱼的体细胞是不是转基因的,更关心的是 P0 代鱼的生殖细胞是不是转基因的。因此,如果我们能够创制一个高效地筛选转基因原始生殖细胞的方法,将可以极大地提高转基因鱼的生殖传递效率。

以上两个问题的解决方案都和鱼类的生殖细胞密切相关,而生殖细胞由原始生殖细胞发育而来,因此我们以鱼类原始生殖细胞为操作对象开展工作。首先,我们克隆了与细胞凋亡相关的因子,并开展细胞凋亡相关因子的过表达试验。可以发现,当细胞凋亡相关因子在整个胚胎里面过表达的时候,可以导致胚胎出现整体的细胞凋亡;如果仅仅只在原始生殖细胞里面过表达细胞凋亡相关因子,则发现胚胎发育在整体上是正常的,但是原始生殖细胞被特异剔除了。那么这个效应是不是由于生殖细胞的靶向凋亡造成的?当我们将细胞存活相关因子共同注射到这个胚胎里面去的时候,发现已经消失了的原始生殖细胞又可以恢复回来。因此,诱导原始生殖细胞的特异凋亡确实可以特异剔除受体鱼的生殖细胞。另外一方面,由于原始生殖细胞的定向迁移对于其命运的决定和维持至关重要。我们利用细胞移动相关因子在原始生殖细胞中的特异性过表达,结果发现原始生殖细胞要么消失,要么在不该出现的地方出现,也就是它不会移动到将来发育为性腺的位置,所以这两种鱼成熟以后都是不能繁衍后代的。在发育到 1 天的胚胎中,可以看到90%的鱼的原始生殖细胞的发育都受到了影响,随着发育的推进,原始生殖细胞的发育受到更强的抑制。当这些鱼长到成体之后,80%的鱼没有性腺,20%的鱼无法产生成熟的精子。总而言之,这些鱼都无法正常产生后代,因此通过原始生殖操作的方法可以高效地研制生殖控制的、具有生态安全的转基因鱼。

刚刚提到,我们是否可以通过原始生殖细胞操作的方法提高转基因鱼的生殖传递效率?答案是肯定的。我们将一种特殊启动子驱动的红色荧光蛋白RFP基因载体注射到一种原始生殖细胞特异表达转录激活因子的转基因胚胎中去,红色荧光蛋白就可以在原始生殖细胞中特异地激活表达。原始生殖细胞中特异表达的红色荧光蛋白从原肠期就开始可见,并一直持续发育到18天以后的胚胎中。这也是我们第一次能够这么持久地、灵敏地、实时地、持续地标记鱼类原始生殖细胞。如果我们把想要转移的目标基因和上述的标记基因RFP串联在一起,特异表达红色荧光蛋白的鱼就一定含有整合有目标基因的原始生殖细胞。也就是说,我们可以通过这种技术将本来不可见的“转植基因在原始生殖细胞中的整合”这一生物学事件变为实时可见的,从而大大提高转基因鱼生殖传递的效率。利用这种技术,我们就再也不用为了获得可以生殖传递的转基因鱼而养殖和筛选成百上千的转基因P0代个体了。

总之,通过鱼类原始生殖细胞操作既可以用于解决转基因鱼的遗传和生态安全,又可以极大地提高鱼类转基因的效率。原始生殖细胞操作技术应用于鱼类转基因研究是大有可为的。

张培军:

通过原始生殖细胞操作,是给下一代创造转基因,而不是给P0代,是这样吗?

孙永华:

实际上,P0代鱼的生殖细胞已经是转基因的了,也不能说不给这一代创造转基因。但是,此前我们总是过度强调在P0代观察到转基因的生物学效应。P0代有生物学效应说重要也是重要,但是转基因鱼育种还是需要获得可遗传的转基因鱼,也就是说终极目标还是为了下一代。

张培军：

下一代的生殖细胞应该也有转植基因,后面的传递就是正常的传递?

孙永华：

对。在P0代我们是关心转植基因在生殖细胞里面的整合,但是并不排斥在其他的地方也有整合。在原始生殖细胞中实时观察到这种整合行为,有利于我们对生殖细胞有效整合个体的筛选。因此,在下一代的整个个体包括生殖细胞中肯定存在转植基因的整合,从而实现正常的生殖传递。

孙效文：

我对前面那个挺感兴趣,Omega－3之类的。如果做的好了,Omega－3多了将是一件很有意义的事情。现在不是好多种疾病都要吃这个吗?

孙永华：

我们现在做转基因的策略是先以斑马鱼为对象建立一个研究模型,再应用到经济鱼类中。现在利用斑马鱼为模型的研究效果是很好,我们相信在经济鱼类中也会取得好的效果。这种Omega－3不饱和脂肪酸含量高的转基因策略将为人们提供一种新的DHA和EPA的来源渠道。

孙效文：

我个人的观点,这个比生殖细胞调控效果好,我觉得转基因鱼不存在安全性问题,慢慢地老百姓就会接受了。海水鱼就不说了,淡水鱼不可能有多到打不尽的程度。

孙永华：

我同意您的观点。我相信朱先生所说的转基因鱼如果具有传统育种技术无可比拟的优势,那么转基因鱼的应用趋势是谁也无法阻挡的,老百姓也会更容易接受。到那个时候,可以说谁盲目地反对转基因鱼,谁就是在阻碍科学和历史发展的车轮。

张培军：

从转基因操作上,从原始生殖细胞上下手是不是要容易一些?

孙永华：

其实操作起来相对简单,只是我们所使用的调控序列比较特殊。我们让特定的基因只在原始生殖细胞里面工作。有这样一个体系之后,我们可以把外源基因在原始生殖细胞中的整合等分子水平的事情变得可视化,从而提高转基因的效率。

转红色荧光蛋白基因唐鱼的品种培育和生物学特性分析

◎白俊杰

我要讨论的内容是转基因的观赏鱼,就是转红色荧光蛋白基因的唐鱼。做的内容主要是生态环境安全的分析。

朱院士的有关转基因鱼做了很多工作,我就不讲了。这是相差最大的转基因的鱼,美国转基因鲑鱼也是进入市场方面做得最成功的一条转基因鱼,他们做了生态安全评估和食品安全评估,2010 年特邀请了他们团队的一名专家到我们所里进行了有关工作的介绍,应该说他们做的工作很科学。很不幸,好像2011 年也没有通过美国的安全评估,尽管他们耗费了巨资来做这项工作。

说到转基因的安全问题,一个是食品安全问题,另一个是环境的问题。观赏鱼也许可以回避食品安全的问题。台湾大学蔡教授做的转荧光蛋白基因的青鳉鱼,做得很成功;转荧光蛋白的斑马鱼也做得非常成功,是美国第一个允许商业化生产的转基因鱼。

我们在 2003 年选择了唐鱼作为转基因的载体,进行这方面的尝试。唐鱼是我国特有的一种鱼类,在广州市的白云山上最早发现的,在 20 世纪 30 年代作为观赏鱼,是我国少数获得观赏鱼界认可的鱼类之五。目前这条鱼在野生状态下几乎是没有了,但是观赏鱼市场里很多。

我们想通过这个鱼,构建一个转基因的观赏鱼,使它的体色变成红色,利用外源基因是红色荧光蛋白因,启动子是我们之前克隆的斑马鱼的肌肉特性的启动子,采用显微注射。用不同的剂量注射大概都是 30% 的个体呈现了阳性。在 48 小时以后就可以看到红色荧光蛋白进行表达。先是在鱼体的一点进行表达,后表达的体积变大。表达的红色荧光蛋白在日光下就可以看得到的。7 天以后的鱼表达的量就增多了,这是 30 天以后表达的量就更多。

第一代的转基因鱼是嵌合体,表达的荧光有的部位多一点,有的部位少一点,部位也不相同。之后是对转基因鱼进行筛选,约有 5% 的转基因鱼的后代可以获得稳定遗传。稳定遗传的 F1 代鱼全身都是红色,在太阳光下是红色的,在紫外光下面发荧光。

我们做了对转红色荧光蛋白唐鱼做生态安全相关的一些评估工作,对外源基因的表达情况、外源基因遗传规律、整合方式、转基因鱼生物学性状、转基因鱼生物学行为等进行了研究,为生态安全评估奠定基础。

首建的转基因鱼大约在 48 小时前后就可以呈现出表达的红色荧光蛋白,但是在 F1 可遗传的鱼最早要到 19 天以后才变成红色。

从表达的部位来看,最早是在头部出现,然后往后的躯干进行延伸。因为我们用的转基因原件包含一个叫做肌肉特异性的启动子,我们检测到的组织都是在肌肉相关的组织,包括肌肉、肠、肝脏等组织。对外源基因的遗传规律也做了一些研究,我们用转基因鱼和野生鱼进行杂交,对杂交后代表达荧光蛋白的情况进行了统计,可以看出来,有一尾鱼的后代 100% 都有红色荧光蛋白,其他的红色荧光在 45% ~ 52% 之间,很明显可以看出来,红色荧光蛋白基因的表达其实是显性的,而且外源基因可能是在一个位点里面整合。我们对没有表现红色的鱼也进行了点杂交的实验,结果是没有红色的个体都为阴性个体,也就是没有沉默表达。进一步的研究是看整合的方式是怎么样的,从遗传的规律推断,以上显性基因分离规律的结果推断出整合是单个位点的。我们还检测到一个 5' 侧翼和一个 3' 侧翼序列,再看一下拷贝数,我们用 Southern 进行杂交实验,切出来大概就是 23KB 左右,单个的基因大概是 6.6KB,推测是三个基因串在一起后在一个位点整合,我们用 PCR 技术也证明了三个基因串联以后整合到一个位点里去。那三个拷贝是头尾相接,还是尾和尾相接,还是头跟头相接呢?我们设计了一系列 PCR 引物来确定,结果是三个拷贝是头尾相接后整合到一个位点的。

我们对外源整合的遗传稳定性进行了分析,因为这种鱼比较容易操作,一年可以繁殖两代,我们把第二代、第六代、第十代的鱼进行外源基因和基因组里的结合位点进行序列测定。结果表明是稳定的,没有发生一区间序列的变化,也说明外源基因的表达是比较稳定的。

下面是有关生物学的一些观测。转基因鱼的外部性状除了颜色变了以外，其他的性状没有再变化。可量性状的检测，也没有发现比较大的差异。肌肉成分的检测中，除了游离氨基酸有一些差异以外，其他的氨基酸组成基本上与非转基因鱼是一样的。

在生长速度方面，可以看出转基因鱼和非转基因鱼的两条曲线基本上是重合的，也没有发现比较大的变化。繁殖力方面我们测定了转基因的卵巢重量以及卵巢的成熟度，野生型和转基因看起来也是没有显著性差异。还有繁殖力，我们对产卵量和受精率也进行了分析，转基因鱼和转基因鱼繁殖的时候，比较难繁殖，而转基因鱼和野生鱼就没有发现比较明显的差异。耐氧的研究和窒息点的测定都没有发现明显的差异。耐高温和耐低温方面也没有发现有大的差别。我们测了红色荧光蛋白在肌肉当中的表达占了 2%，本来以为这么大的表达量会对转基因鱼的生长和生活以及生存产生比较大的影响，毕竟这些外源蛋白对鱼的生长和生活基本上是没有用的，但是奇怪的是我们没有发现它对生存和耐受力方面有影响。

饥饿的耐受能力试验是饲料不是很足的情况下进行的，在半饥饿的状态下进行了这样的实验，表明食物的丰度对转基因唐鱼和野生鱼的生存也不存在明显差异。这样从表型、肌肉成分、生长、繁殖力、耐氧能力、耐温、耐饥饿方面没有明显的差异。

因为行为学和鱼的野外生存关系很大，我们也做了一些行为学方面的研究，唐鱼也是一种集群的鱼，能不能集群跟生存和捕食是有关系的，还有就是体色变了，对集群有没有影响。我们也做了这方面的实验。这是测试的鱼（图略），一边是红色的转基因鱼，另一边是野生的唐鱼，看测试鱼对哪一边有兴趣，或者说常靠近哪一边。结果是红色并没有阻碍其他的鱼和它接近。另外，同类的鱼还是比较偏爱和同类的鱼在一起。性选择方面，我们也做了一个实验，发现雌性野生鱼偏向野生唐鱼，而雄性野生鱼却偏向于转基因鱼，因为唐鱼本身是有颜色的，雄性鱼对红色鱼还是比较感兴趣的。

以上是我们对转红色荧光蛋白基因唐鱼进行的生态安全评估的一些工作，目前已经完成转基因动物的野外释放的实验，已获批进行试生产的实验。

孙效文：

　　唐鱼是广州一带的土著鱼，这和斑马鱼不一样，美国没有斑马鱼，所以在美国上市没有生态问题。如果这个唐鱼养了，然后杂交以后，会否将野生唐鱼都变成红色的了？

白俊杰：

　　唐鱼已经列入了濒危的红皮书里，野生的已很少或者是没有了。我们现在分析结果来看，红色是一种显性的，我们最怕的是基因混杂了以后而我们还不知道，相对来说如果说基因一旦漂移，我们防控起来还是相对容易的。

邹曙明：

　　这个鱼所有的后代都是三联体？就是转基因鱼本身就是三联体？

白俊杰：

　　对，他们都是从一个克隆传下来的。实验时还有其他的克隆，但我们没法保存那么多，就是觉得这个颜色最好，我们就给保存下来。估计外源基因进去的时候就形成三联体。

邹曙明：

　　是从30%的阳性胚胎里面找出来的？

白俊杰：

　　对。

孙效文：

　　从一条鱼选下来？

白俊杰：

是的。

孙效文：

鱼多久能够繁殖一代？

白俊杰：

按说3~4个月就可以繁殖一代，如果不进行温度控制，就是春天一代、秋天一代，秋天的繁殖情况差一些。

陈松林：

在观赏鱼上面做转基因应该是很好的方向。

白俊杰：

从作为研究材料和可不进行食品安全的评估方面来讲是个很好的研究内容，但也很难有很大的商业价值。

张培军：

作为观赏鱼也存在生态安全问题？

白俊杰：

观赏鱼的生态安全风险可能会比养殖鱼类小一些，他们主要是养在水族箱里面，在自然环境中的生存能力一般都不强。

转基因鱼安全问题之我见

◎张培军

　　我们实验室在 20 世纪 90 年代在国内较早地开展了海水鱼的转基因鱼研究,解决了一些海水鱼卵转基因操作的技术难题,成功地将"全鱼"生长激素基因导入真鲷和牙鲆受精卵,培育出具有明显生长优势的转基因真鲷和牙鲆,并通过了专家组的现场验收和成果鉴定。后来因为缺乏良好的海水鱼养殖条件,致使转基因鱼没有继续传代养殖。最近实验室里正在利用斑马鱼进行抗寒基因的转基因研究工作,已经取得了初步的进展。在这里我主要想谈谈个人对转基因鱼安全问题的看法。

　　自从 1982 年报道了转基因超级鼠诞生以来,在国际生物学界很快掀起一股转基因动物研究热,转基因猪、牛、羊、兔等研究工作相继被报道。转基因鱼的研究是从 1984 年朱作言实验室首次报道转基因泥鳅实验成功以后才开始的。此后,法国、美国、加拿大、日本、挪威等国家的十多个实验室都开展了转基因鱼的研究。最初,多数转基因动物研究还是以研究基因功能的基础研究为目的。随后,许多研究者对利用转基因技术培育养殖动物新品种产生了极大兴趣。在转基因鱼研究方面,则试图通过将调控生长的基因和抗病、抗寒等抗逆性状相关的基因导入鱼卵中培育具有快速生长和抗逆性状的养殖鱼类新品种。由此而产生了转基因鱼安全问题。

　　鱼类较哺乳动物在转基因的实验操作方面有很多优点,例如,鱼类的产卵量大,实验取材方便;实验后的卵子不需要再植入母体内,胚胎在体外发育随时都可以进行取样分析。由于这个原因,所以从 20 世纪 80 年代后期到 90 年代,转基因鱼研究成为一个热门课题,国内外发表的相关研究论文也很多。80 年代后期,我在美国约翰霍普金斯大学的一个实验室做这方面的研究工作,将虹鳟鱼生长激素基因成功地导入鲤鱼卵内,培育出快速生长的转基因鲤鱼。当时主要考虑生长性状的改良,采用生长激素基因的较多。最初有选用人生长激素或牛生长激素基因等做外源基因的,后来从养殖生产的角度考虑,转到"全鱼"生长激素的使用。在转基因的方法上也不断有所改进和创新。最早是用经典的显微注射法,后来我们在进行海水鱼卵的转基因操作时改用了电脉冲介导法。此外,还有比较成功的精子载体法等。从转基因研究的目的来看,我刚才说道,转基因操作是一种技术,这种技术对科学研究工作的深入开展有很大贡献。到现在为止,转基因这项技术是非常成功的,而且对于生物学研究的发展起了很大的促进作用。现在不管在动物、植物生物学或人类医学研究方面,都越来越多地应用转基因技术。最近看到一些报道,有些人类的基因缺陷病都可以通过转基因的方法来进行治疗,所以转基因作为一种技术是无可非议的。

在转基因鱼研究方面,报道比较多的还是利用斑马鱼、青鳉鱼等模式动物来建立转基因鱼模型,进行基因功能研究及其在发育中的调节作用为目的的基础研究。转基因技术在养殖动物和养殖鱼类中的应用来自生产发展的需要。近十几年来世界上许多国家越来越重视水产养殖业的发展,我国是水产养殖大国,如何提高水产养殖品种的产量和质量,成为大家直接关心的问题。利用转基因技术进行养殖鱼类品种改良是一种有意义的尝试,对水产养殖的持续、稳定发展将会产生有潜力的促进作用。在淡水鱼成功的转基因研究中已充分表明,转生长激素基因能够有效地促进养殖鱼类生长。除生长性状外,鱼病也是影响养殖产量的很大问题,鱼的低温、低氧耐受能力也直接影响到养殖鱼类成活率。因此,除选用生长激素基因之外,抗寒基因、抗病基因也相继用于转基因鱼研究。作为一种新的育种技术,以转基因操作为主要技术的基因工程育种应该具有很大的发展潜力和良好的发展前景。但是转基因鱼的安全问题严重地影响了这一技术的应用。一般地讲,转基因鱼安全包括食用安全和生态安全。在转生长激素基因鱼的食用安全方面已有许多研究报告表明,转基因鱼和正常鱼的肌肉成分没有差别,鱼体内的生长激素被摄入人体后也并不影响人的正常生长发育,转基因鱼的食用安全没有什么问题。在生态安全方面,水生所对转基因淡水鱼的安全养殖进行了多年的封闭水体规模化养殖试验,发现转基因鱼没有正常鱼存活率高,在自然水域生存竞争性并不比正常鱼高,所以不存在破坏自然生态的危险。在海水鱼方面，我认为目前我国采用的海水鱼工厂化养殖模式能够保证转基因鱼不释放到自然水域，只要将转基因鱼严格控制在封闭的室内水体养殖，避免转基因鱼的逃逸，就能排除破坏生态安全的风险。在国外曾见到一种全封闭式的海水鱼养殖系统，采用全循环水养鱼，密度大、产量高，既不污染自然海域的海水，也不会从外界带入病原菌，如果采用这种全封闭循环水养殖系统养殖转基因鱼，那就不会存在生态安全问题。尽管基础设施投资大，养殖成本高一些，但长远地看应该是今后海水养殖发展的方向。目前我国转基因鱼养殖的大面积推广和产业化主要还是政府的管理机构的把关，媒体的宣传对的老百姓的认识影响也很多大。重要的是，我们应该拿出更充分的实验证据来说服政府管理层面的人，让他们信服了以后，迟早会对转基因鱼养殖的推广应用放行。

　　我认为除了转基因鱼安全问题之外，我们还应该加强外源基因定点整合机制、组织特异表达调控等理论基础研究和转基因操作新技术的开发。目前对外源基因整合机制的认识还远远不够，更未做到可控的表达，这些方面的研究还应继续深入。最近有很多实验室在利用转座子介导技术进行外源基因转植，是一种很有效的方法，我认为今后还会有新方法不断引进，这些基础和技术方面的研究今后还应不断加强。

孙效文：

　　安全委员会现在关注三个层次，最容易批的就是不吃的，第二个是间接吃的，第三是直接吃的，受到最严的检测。

张培军：

　　你们在审批时，在食品安全方面对转基因鱼的要求有什么样的标准？

孙效文：

　　上午刘教授说的过敏实验，只有改变蛋白才会有这个结果。

张培军：

在生态安全方面需要拿出哪些证据,如何申请?

孙效文：

如果申请,会比较详细。

海水鱼类基因转移研究的现状、问题与挑战

◎陈松林

　　今天上午一些专家分别介绍了淡水鱼类转基因研究进展及其前景。鲤鱼的转基因技术现在已经临近产业化,但我国海水鱼类的转基因研究却刚刚起步,在转基因技术上也面临着很多困难,尽管海水鱼类转基因研究比较落后,但我还是要呼吁大家要重视海水鱼类转基因的研究,重视海水鱼类转基因技术的开发。

　　为什么要重视和加强海水鱼类转基因的研究呢?首先简单介绍一下其必要性,大家知道,鱼类是粮食的重要组成部分,海水养殖鱼类的产量尽管不是很高,但是由于经济价值很高,因此其产值很大,每年都达上百亿元,提高海水鱼类的养殖产量也是保证我国粮食安全的重要措施;从产业发展来说,目前海水鱼类新品种还比较匮乏,培育生长快、抗病力强的优良品种是我国海水养殖产业发展的迫切需求,转基因技术又确实是培育新品种的有效技术手段,所以,海水鱼类转基因研究是产业发展的需求;从学科发展需求来看,现在已经有多种海水鱼类全基因组测序宣告完成,筛选到大量功能基因,特别是一些新基因,如何鉴定新基因的功能?而转基因技术正是进行基因功能验证的很好手段,特别是在同种鱼类上进行基因转移更能快速鉴定新基因的功能,所以从海水鱼类遗传学以及基因组学的发展来看,发展海水鱼类转基因技术研究迫在眉睫,是非常需要的。鉴于发展海水鱼类转基因研究的重要意义和必要性,那么,目前国内外海水鱼类转基因的研究现状如何呢?下面我就简单介绍一下国内外开展海水鱼基因转移的研究进展及其存在的问题和难点。

　　海水鱼类基因转移方法基本上是借鉴淡水鱼类的转基因方法。从国际上发表的文章来看,有关海水鱼类转基因研究的文章较少,仅对真鲷、太平洋蓝鳍

金枪鱼等做了一些研究,在真鲷上获得了表达 GFP 外源基因的真鲷胚胎。对太平洋蓝鳍金枪鱼采用显微注射的方法进行基因转移,同时采用了一种 MCU 溶液,胚胎在 MCU 溶液中停留时间越长,就越容易注射,从而获得了转基因金枪鱼的胚胎。第三种鱼是鲵鱼,科学家采用 pHSC – GFP 载体构建了转基因质粒,然后获得了转基因的胚胎和鱼苗,他们共注射了 610 枚受精卵,81.6% 的受精卵存活到了 14 体节期,其中在 426 枚受精卵中观察到 GFP 荧光的强表达,2.2% 的雄鱼和 9.1% 的雌鱼可产生 GFP 阳性表达,在子 1 代鱼苗中也检测出外源 eGFP 基因的表达,在转基因子 2 代中也证明外源基因可以遗传给子 2 代。还有一种海水鱼是黄锡鲷,台湾学者采用精子介导的方法,通过精子携带方法把外源基因送到受精卵内,他们还建立了一种新的转基因方法,即将外源基因的表达载体注射到雄性性腺里面,使其在性腺里面就进入到精子中去,然后让含有外源基因的精子与卵子受精,从而制作转基因鱼。这两种转基因方法的效果都不错,在转基因的后代鱼苗中都检测到了外源基因的表达,效率和精子携带转基因的方法相当,转生长基因的表达效率为 37%。观察转基因后代生长情况,也发现了一些生长比较快的个体,效果也不错。

在国内,我们实验室前几年也进行了海水鱼类转基因的探索实验,主要是以花鲈和真鲷进行外源基因显微注射的探索,注射了 2619 枚花鲈胚胎,显微注射技术也建立起来了,但是注射以后胚胎的存活率相当低,观察到外源 GFP 基因在胚胎和鱼苗中的表达,说明外源基因转移到了基因组里面,并进行了表达。在真鲷上也进行了外源基因显微注射的实验,并且也观察到外源 GFP 基因在真鲷胚胎中的表达和绿色荧光。为什么没有获得长大的转基因花鲈和真鲷?我们估计有这样几个方面的问题和难点:第一点是海水鱼的受精卵膜很硬,很难注射;第二点是海水鱼的卵是浮性卵,在海水里面是漂在上面的,注射时难以定位,增加了显微注射的难度;第三点就是海水鱼类受精卵的胚盘很薄,一不小心就刺穿了胚盘,进入到卵黄囊,导致胚胎死亡;第四点就是和海水鱼类的育苗技术和特性有关,受精的几千个卵和仔鱼很难培养成活,想培养为成鱼也是很困难的,育苗的存活率通常很低,所有这些难点困扰着海水鱼类转基因研究的开展。随着牙鲆和半滑舌鳎全基因组测序的完成,我们现已筛选到很多候选功能基因需要用转基因的手段来验证其功能,因此我们后来又开展了半滑舌鳎和牙鲆转基因的实验,但现在还未获得转基因鱼,目前还在进行转基因技术的研究。

预测一下转基因海水鱼一旦成功以后的安全性问题,食用安全性现在还谈不上,现主要对其生态安全性进行一下预测。生态安全性从两个方面分析,转基因海水鱼类目前只是被作为一个实验模式动物用于海水鱼类基因的功能验证和分析,它只是在实验室进行养殖,也不需要繁殖,这样基本上不存在生态安全的风险,如果将来需要进行转基因海水鱼的商业化养殖,则有可能和近缘物种杂交,可能出现一定的生态风险。刚才张培军教授讲了一下海水鱼在循环水里面养殖可能不存在生态风险的问题,但我认为尽管是在人工可控的循环水车间中养殖,但如果管理不好的话,也存在着生态风险。例如,我们从法国、英国等欧洲国家引进了的多宝鱼(大菱鲆),尽管大菱鲆养殖都是在工厂化循环水车间室内养殖,但还是难以避免地逃逸出来,进入天然海域,现在在黄海海域经常能捕到一些大菱鲆,所以这种逃逸的现象是难免的,海水鱼类养殖仅通过人为控制养殖设施还是不够的,要想使得海水鱼类转基因,将来具有商业化前景,实现产业化生产,还必须考虑培育不育的转基因海水鱼,就是上午刘少军教授讲的转基因的多倍体,主要是三倍体,但是我认为培育转基因的三倍体鱼最好是研制同种鱼的四倍体进行交配产生同源三倍体,而不要进行通过种间杂交获得异源三倍体的方法进行,要不然就会出现种间杂交的问题,如果杂交,又存在释放到生态环境中的安全性的问题。海水鱼类功能基因组学的发展以及良种培育对于海水鱼类转基因技术有着迫切的需求,因此需要大力加强海水鱼类转基因的研究。海水鱼类受精卵的生理和结构特点决定了显微注射技术可能不是对鲆鲽鱼类来说最好的转基因方法,目前尚需建立鲆鲽鱼类可行的转基因方法,探索新的适合于海水鱼类特点的转基因方法势在必行。海水鱼类转基因的研究应该考虑到将来的食用安全性和生态安全性问题,也要考虑潜在的影响和风险。

孙效文:

前些年我们做的远缘杂交很多都是不育的,近些年为什么远缘杂交有好多都不是不育的呢?

刘汉勤：

远缘杂交不育的观点其实是不完善的，或者是不正确的。很多远缘杂交很多都是可育的，只要细心观察，去生产第一线看看，也有很多远缘杂交的鱼是可育的，第一代、第二代当中都有，自然界里面也存在这种远缘杂交，形成加倍的现象是很多的。四倍体的精子产生二倍体的精子，也可以产生部分三倍体的精子。

相建海：

所谓的三倍体主要是雌性完全不育，比如在虾里面产生的三倍体基本上是不育的。而雄性有些是可以产生精子的，通过判断精子的活力可以反映出来精子是否可育。

海洋贝类转基因研究的挑战与机遇

◎包振民

上面各位专家大部分讨论的是转基因鱼方面的问题,下面我想谈论一下贝类的转基因工作。

贝类种类繁多,是自然界仅次于节肢动物门的第二大动物类群,贝类具有许多令人惊奇的生物特性,如变态、矿化、多种生态类型转变,目前发现活得最长的动物也是贝类,大西洋的一种"明贝",年龄为450多岁,大约出生在我国的明朝。贝类具有从海洋初级生产力微藻高效同化蛋白质的能力,大规模固定和沉降 CO_2 和 $CaCO_3$ 的能力,在海洋生态系统扮演重要的角色。另外许多种类也是重要的渔业和水产养殖对象,贝类养殖占我国水产养殖产量的80%左右。

对于贝类的生物技术和遗传育种研究,目前在常规育种、细胞工程育种和分子生物学领域进展较快,如多倍体牡蛎已应用到产业中,培育了多个养殖新品种,开发了大量的 SSR 标记和 SNP 标记,数百个功能基因得到克隆和研究,基因组学和功能基因组学方面工作也已开展,如牡蛎的基因组测序基本完成,扇贝和珠母贝的基因组测序工作也在进行中。同时,在繁殖、发育、生长、免疫等研究领域都取得了很多非常好的研究进展。但生物技术领域中一块很重要的工作在贝类开展很少,可以说基本没有开展,就是转基因技术和基因工程方面的研究。就我所知,国际上已报道的研究寥寥可数,记得最早是 20 世纪 90年代中期在侏儒蛤上的工作,用逆转录病毒携带外源基因转移,但后来没有跟进性研究,再就是 Tsai 用精子载体法将外源基因导入杂色鲍。那时,我们实验室也开展了一段时间的皱纹盘鲍转基因研究,得到成功表达外源基因的转基因鲍,但坦白地说,成功的转移效率很低,所以工作后来就停顿了。

转基因技术是现代生物技术发展的里程碑,自 1980 年 Palmiter 等将外源生长激素基因导入小鼠获得快速生长的超级小鼠以来,人们希望按自己的意愿通过体外编辑并转移外源基因来改造物种,目前一些意愿已经实现,当然也产生了一些新问题。在水生生物领域,朱作言院士开创了转基因鱼的研究,也是一个里程碑。最早的想法,大多数人期望通过转基因技术把一些与高产、抗逆、优质生产性状相关的基因转到目标物种以改良品种,如转抗冻蛋白大马哈鱼等工作。近些年,转基因技术在生物学基础研究领域得到越来越多的应用,已成为开展遗传学、发育生物学等研究必不可少的手段,是研究基因功能和调控方式、信号传导途径等的有力工具,如 Knock out 技术、Knock down 技术、RNAi 等技术的实施都需要转基因途径。随着高通量测序技术的进步,贝类的基因组学和功能基因组学研究发展非常迅速,目前大量的贝类功能基因得到批量注释,但这种注释的功能基因只能称为候选功能基因,因为我们注释依据的是其他模式生物的基因,在贝类中这些基因是否还行使相同的功能,我们并没有验证。即使这样,目前贝类能够很好地得到注释的功能基因也只有30%左右,其他许多基因的功能未知,缺少功能验证平台是主要因素,其中重要的一个环节就是贝类的转基因技术发展滞后。另外,在育种研究领域,转基因技术也是一种有效和有力的手段,我认为在将来的分子设计育种中,转基因技术也是一个不可或缺的技术途径。

阻碍贝类转基因技术发展的障碍有以下几点:①海洋贝类缺少细胞系是重要的因素;②贝类基因转移技术尚未有效建立,如在鱼类中成功的卵子显微注射在贝类上面就难以实行,因为贝类卵子小鲍的卵大约120微米,扇贝的卵子则只有60~70微米,卵膜很柔软,加上卵子是全黄卵,显微注射很难操作,其他常规的转基因技术在贝类中也无法得到有效的应用。因此,贝类的转基因研究需要开发新的技术和系统,面临新的挑战。针对上述问题,海洋贝类的转基因研究应瞄准原始创新,突破关键核心技术,进行技术储备,占领国际相关领域的技术制高点,时不我待。

第一,发展新的运载系统,突破贝类基因转移关键技术,针对贝类卵子小、卵膜柔软韧性强、全黄卵等特性,开发新型的高效基因转移技术。在座的很多专家在鱼类方面有丰富的经验,大家能否对贝类转基因研究开展一些工作或提供一些建议,促进一下贝类转基因研究的发展?

第二,开发适合贝类的基因工程元件,发展贝类基因转移和表达载体。由于贝类转基因工作的滞后,这方面的研究更是缺乏,目前用的载体和元件主要来源于鱼类和其他生物。应针对贝类的生长、发育、繁育、抗性、衰老方面的不同基因系统和目标组织器官,开发一些组织特异的载体和元件,重点发展定点整合和时空特异表达的载体系统。注意一些新技术的应用,如基因组编辑技术等,发挥后发优势,实行跨越发展。

第三,注重安全风险,未雨绸缪,技术发展超前布置。海洋是一个开放环境,贝类繁殖力高,体外受精,卵子和幼虫在海水中有较长的浮游期,转基因贝类比其他生物更易扩散,生态风险应重点关注。对贝类转基因研究的安全风险应进行系统的研究,加强风险管理,同时在技术上做好准备,如发展贝类不育技术,像三倍体技术就是一个可行的手段,可将培育四倍体转基因贝,它和二倍体杂交则产生三倍体的不育生物,防止外源基因在野生种群中扩散。另外,可发展调控生殖系统发育的转基因技术,实现转基因贝类人工控制的繁育。自动删除转基因载体系统可能也是一个有价值的方向,开发和发展贝类转基因生物,功能基因特定时空表达后,实现了特定生物性状,相关外源基因和载体自动从转基因动物中删除,动物恢复正常。

贝类的转基因研究领域是一个亟待开发的领地,面临着诸多的困难和挑战,也是一个充满希望的领域,让我们一起努力。

快速生长转基因鲤食用和生态安全性

◎梁利群

转基因鱼研究已经走过了而立之年,我想转基因技术对于鱼类育种是一个特别好的技术,关键是我们怎么用好这项技术,为企业提供更安全、性状优异的品种。

下面就从我们在转基因鱼生态安全评价方面做的一些研究工作向各位做介绍。

首先介绍一下我们所在转基因鱼研究上的工作基础。黑龙江水产研究所的转基因鱼研究始于1987年,至今已研究了20多年,我们在这个过程中制备了转基因超级鲤,因为北方的鱼类生长期比较短,所以得到比对照生长速度快1.8倍的鱼比较兴奋。我们除了获得长体型转基因鲤之外,也得到了宽体型的快速生长转基因鲤。1995年我们得到了快速生长的鲤,在其后十年中,我们置备了长体型转基因鲤F3,宽体型F2。同时为了建立纯系,我们还获得了雌核发育的长体型F2和宽体型的F1。在这个过程中,我们也注意到转基因鱼的安全问题,从远缘杂交角度去制备不育的转基因鱼,我们得到了雌性可育的转基因鲤鲫杂交,我们让这条鱼和鲤鱼、鲫鱼分别进行回交,通过性腺检测和后代存活率的研究,发现雄性的精巢多数都是畸形的,不会产生精子,卵巢大多脂肪化,有一些是可以发育的,但是发育进程很慢,都停留在卵原细胞阶段,也有性成熟的,比例是在2.08%,我们对性成熟个体进行回交,后代成活率是0.2%。我们在后续研究中将扩大鲤鲫杂交鱼的数量。

最近几年基因组学发展非常迅速,这对转基因鲤纯系建立提供了很好的技术条件,我们利用分子标记对已有的转基因鲤亲本进行基因型检测,根据遗传距离进行配组繁殖,避免由于近交出现选育失败。另外,还对我们得到的转基因超级鲤在外源基因染色体的定位进行了研究,主要是为了转基因鲤产业化生产做一些技术上的储备。

在转基因鱼研究中,我们虽然取得了一些成果,但是要进行产业化生产,问题还是很多的,这个工作对于我们研发人员来说,首先要做到心中有数,我们在这个过程中又对转基因鲤鱼安全性评价做了一些工作。这里面包括两大部分,一个是食用安全,一个是生态安全,食用安全我们主要是从两方面进行的,一个是一般毒性,主要是以大鼠为实验动物,把转基因鱼作为食物添加到老鼠的饲料里面去,上限是超过国民涉入动物蛋白量最高标准,大鼠经过 90 天以后,实验动物活动自如,皮毛有光泽,鼻、眼、口腔无异常分泌物,与对照组比较无显著性差异,未见受试物对大鼠血液学、血生化、尿常规指标和生化指标、脏器数、病理有异常,解剖检查也没有发现异常。转大麻哈鱼生长激素基因鲤在大鼠一般毒性实验阶段属无毒的,这还需要有资质的检测机构对我们的结果进行验证,我们请天津检测中心进行验证,结果和我们的相符。食用安全的另外一个工作就是生殖毒性的问题,我们主要以小鼠为实验动物,受试物是和一般毒性一样,加入比例相同,主要观察受试物对实验动物生殖周期全过程的影响。对亲代、胎子和子代小鼠进行观察,从一般情况、生长、病理、器官、性腺、胎子等几个方面进行观察,对交配成功率、受孕率、妊娠率、哺育率进行分析,最终也没有发现有异常的作用。近些年来,国际生命学会也提出了采用等同于相似的原则评价食品安全,对于利用基因工程技术生产的、用于食用的食品,从营养和毒理学两方面进行评价。我们从毒理学评价试验项目中的遗传毒性、繁殖实验 90D 慢性喂养实验内容对转基因鲤进行实验,后面我们将在致病性、毒物动力学、代谢实验和非期望效应等方面开展实验工作。

另外一个安全性评价的内容就是生态安全性。可育转基因鱼个体逃逸势必也会与其同种或近缘种之间发生基因交流,我们对转基因鲤的近缘种干扰做了一些工作,由于转基因鲤逃逸到天然水域后,特别是与近缘种在基因组面发生什么变化,目前我们没有确切的依据。但我们开发了大量的鲤鱼分子标记,基因组分析技术水平也有了一定的提高。首先模拟转基因鲤逃逸之后,按照占 1%、10%、25%、50%、60% 比例获得繁殖子代,利用分子标记对基因组进行扫描,以杂交鲤、黑龙江鲤做参照,分析转基因鲤逃逸之后有什么影响。主要是从多态位点及种内遗传多样性参数、群体间遗传距离及遗传分化度几个方面分析,结果显示:转基因鲤占普通鲤群体1%时对普通群体的遗传背景干扰程度是微乎其微的。占10%的时候,对普通鲤遗传背景的影响稍有升高,但是远缘低于杂交鲤对野生群体的影响。随着转基因亲本比例的增加,子一代的基因组呈现一定的规律性变化,说明转基因鱼逃逸后对野生种群的影响是随着逃逸数量增加而增加的。总之,在现在的检测技术条件下及有效的监控下,与杂交鲤相比,转基因鲤对其野生群体遗传背景的影响是微弱的,相比之下,杂交种对野生种的遗传背景影响可能会更为严重。

生态安全评价的另一个工作,是转基因鲤生存竞争和性腺发育的研究。为了研究转基因鲤在不同条件下的生存竞争能力,我们设定了两个组,分别是正常投喂组和半饥饿实验组,连续三个月对实验鱼进行了拟合体重、体长方程,并从形态学、性腺组织切片等方面进行了研究。正常投喂组的转基因鲤和对照鲤体重增长率分别为127.9%和70.6%,正常投喂组和对照鲤的差异不显著,这表明转基因鲤对饲料具有较强的消化吸收能力。这里面还有一个问题,我们还发现转基因鲤体长和肠长比,要优于普通鲤鱼,简明转基因鲤较普通鲤对饲料的消化能力更强。另外,在转基因鲤和对照鲤的性腺发育时期和成熟系数方面也做了大量的研究工作。两个实验组,转基因鱼和对照鱼性腺切片观察显示,两者性腺发育没有明显的差别,转基因鲤逃逸到自然水体不会造成种群的迅速扩大。

另一项生态安全方面的研究,是关于转基因鲤对几种环境因子耐受能力的研究。为了回答逃逸到较为恶劣水域中转基因鲤是否较同种或近缘种具有更强的适应能力,从而导致其具有更强的生存竞争力,在室内水族箱中对转基因鲤和非转基因鲤开展了针对温度、碱度及pH值等环境因子的生存适应实验。我们从北方的条件考虑,北方有很多的盐碱水域,而且水温很低。实验结果表明,转大麻哈鱼生长激素基因鲤和对照鲤在对不良环境因子的耐受力上没有明显的差异,说明转基因鲤由于所转的基因为单一基因,这种基因的整合没有引起基因组中的其他基因发生突变,也没有使转基因鲤在生存行为方面产生异常,从而不会对同种或者近缘种产生影响。

我们黑龙江所课题组从事转基因鱼研究有20多年的时间,工作重点就是快速生长转基因鲤的制备、纯系建立、安全鱼的构建等方面,在转基因鲤的食用和生态安全评价方面尽管做了一些工作,但是可借鉴的方法、标准比较少,因此,未来转基因鱼安全评价工作仍然是我们工作的一个重要组成部分,希望专家给我们提出宝贵的意见。

朱作言:

样品量是多大的群体?

梁利群:

我们是对1000条鱼进行测试。

朱作言:

现在是第几代?

梁利群:

常规选育是F3。

朱作言:

比如说养殖的情况,个体生长呢?

梁利群:

个体差异比较大。

朱作言:

比如说快速增长是27%,指的是多大的样本?

梁利群:

是1000条,因为我们在3亩地里养的。

刘少军：

　　生长速度又快,性腺发育和对照组一样,都是这样的,还是有滞后的现象?

梁利群：

　　个体不明显,也分个别的时间段,因为我们测性腺发育情况,从7月份开始一直到9月份,在不同的时间采集样品。

刘少军：

　　最大个体的性腺发育是正常还是不正常?

梁利群：

　　是正常的,因为是二倍体的鱼,没有不正常。

刘少军：

　　这个正常不是说不育。因为我和亚平他们合作的时候,我见过他们的转基因鱼性腺发育滞后。

梁利群：

　　性腺发育滞后有一个时间不限定的,可能此后1~2个月之内性腺发育会迅速就赶上,这是组织切片显示的结果。

孙效文：

　　上个月在中国农业大学开会,转基因专项2011年开始整合,而且正在推动安全检测,我们很快也要有专门的人来检测了。

鱼类卵母细胞体外成熟技术在转基因鱼研究中的应用前景

◎刘汉勤

　　我先介绍一下卵母细胞体外成熟技术,是指在卵巢中获得未成熟卵,在体外经过适宜的环境培养至成熟,达到可以受精。这一技术主要应用在发育生物学中,也有少数学者用到转基因的研究。

　　卵母细胞体外成熟和转基因有什么关系?简要谈一下我的看法。转基因前面讲了很多,这是朱作言老师开创的研究领域。现在第一个进入市场的转基因动物就是转基因观赏鱼。转基因的方法有很多,包括显微注射、电脉冲、精子携带等,这些方法主要是基于直接对受精卵进行基因转移。实际上这里面有一些问题,刚才有些专家谈到,比如说 P0 代后子代的选择,是否整合、有效表达等,建立一个有价值的转基因鱼纯系非常困难或者是周期很长。更有效的方式应该是基于体外培养细胞的转基因。有几种方式把培育细胞变成转基因的个体,有体细胞核移植、借腹怀胎等。

　　2000 年左右,关于哺乳类有几个很关键的技术进展,一个是大家都知道的"多莉"羊的克隆;另外还有干细胞的培养、细胞去分化,使哺乳类转基因研究和基因表达研究在发育生物学或者是医学领域有很多好的进展。

　　鱼类细胞核移植,从 1961 年童第周就开始了这项工作。在 20 世纪 80 年代初,陈宏溪将多代培养的细胞通过细胞核移植培育出一条成鱼。鱼类克隆其实是很早的,但这么多年克隆技术没有多少新的进展。

　　卵母细胞体外成熟用到转基因鱼研究有两条技术策略,其中一个是外源基因转到卵母细胞,然后在体外成熟,获得受精卵,发育成为转基因鱼。刚才有专家谈到海水鱼类卵膜韧性很强,但卵母细胞不一定,卵膜是受精之后才发生变化的,所以这个技术策略可能是有价值的。

我今天主要谈另一个途径。如何将外源基因转到培养的细胞,我想这是非常成熟的技术。我们可以在培养细胞里面进行大量的分析、筛选,得到一个我们所需要的有效整合或者是有效表达的细胞株,然后通过体外培养中的卵母细胞再进行克隆,即在卵母细胞上面进行细胞核移植,获得受精或者是单性发育的转基因的受精卵。这个转基因的受精卵和我们以往的是不一样的,很多的选择过程都在培养细胞中进行,这样的转基因鱼可能不需要大量的多代筛选。

这里面有一个问题,为什么哺乳类的克隆比鱼类做的更有成效?可能大家对细胞周期关注不够。培养细胞分裂一次大概是 20 小时,哺乳类的受精卵初次卵裂也是 20 小时,所以哺乳类的克隆更关注移植细胞核的发育潜能、分化能力等问题。鱼的受精卵第一次卵裂大约是 1 个小时,鲫鱼可能是 40～50 分钟,当然也有一些鱼类是 2 个小时。这样就有一个问题,如果体外培养的细胞核转移进去,导致克隆成功与否更重要的问题不是细胞的分化潜能,而是移植细胞核是否和受精卵在细胞时相上的同步。如果细胞核一进去就要卵裂,绝大部分 G1 期外源细胞核无法完成有丝分裂前所必需的 S 期,只有极个别的 G2 期细胞能正常的发育下去,这就是为什么鱼类的体细胞克隆成功率只有 1‰左右。

我们再来看鱼类囊胚细胞核移植,一般来说都能达到百分之十几的成功率,高的达到百分之二十几。其原因是囊胚细胞分裂周期只有 30 分钟,与受体卵的卵裂周期基本一致。

卵母细胞体外成熟整个过程可以长达 10～30 个小时,我们将细胞核与培养的卵母细胞进行置换。外援细胞核在卵母细胞受体中有一个充分的调整过程,使它适应受精卵的分裂。我们可以将卵母细胞体外成熟技术用到克隆和转基因研究。所以提出这个新的技术平台,将转基因、克隆和卵母细胞体外成熟相结合,作为一个新的转基因技术途径。

我们把泥鳅未成熟的卵母细胞拿出体外进行培养,一个很重要的观察指标就是胚泡破裂。在培养 9 小时之后,我们会看到胚泡破裂达到 80% 以上,在随后 90 分钟时进行受精会获得 80% 以上的受精和孵化率。

我们有一个专利,这个专利技术可大大简便卵母细胞体外成熟的操作,主要是培养过程中气相的控制,保证了高成功率。如果开展转基因研究的专家有兴趣,希望可以进行一些合作。

孙效文：

泥鳅的受精卵不能注射？

刘汉勤：

可以注射。

孙效文：

为了建立一个新的体系？

刘汉勤：

我们希望有一个新的平台。

陈松林：

卵母细胞体外成熟，这个是比较容易的，还能再早一些吗？

刘汉勤：

我这里谈的不是去研究哪一期的卵母细胞可以体外成熟，现有的技术已经足够用到我们的克隆和转基因研究中了。

陈松林：

就是卵母细胞没有完全成熟，这个时候进行操作和受精以后进行操作，差别在哪里？

刘汉勤：

比如说海水鱼或者是贝类，卵膜的变化都是受精发育之后，有一些卵膜膨胀、变硬，在卵母细胞的时候是比较容易操作的。

张培军：

我们以前做过卵母细胞的转基因注射，在卵母细胞中可以看到核，是把外源基因打到核里面去，然后在外成熟，你刚才说的卵母细胞的应用是做什么？

刘汉勤：

用卵母细胞直接进行注射做转基因研究已经有不少学者做了，我提出的途径是如何将转基因的培养细胞通过卵母细胞核移植，获得转基因鱼。

张培军：

卵母细胞进行核移植时，受体核是不是要去掉？

刘汉勤：

已经有不少学者已经证实了，未受精卵的细胞核可以不去掉，外源的移植核可以发育成个体。在卵母细胞中可以看到细胞核。

孙效文：

我们做这块的时候，成熟好的卵恢复能力就强，否则很多都死掉了。卵母细胞操作，是不是死亡率高？我们做了多少都没有活，这和卵的质量是非常有关系的。

刘汉勤：

如果是用经过了筛选的转基因细胞株，再在卵母细胞体外培养中进行核移植，那获得的转基因鱼可能会大量减少后面的多代选择。

也谈转基因鱼——转 GH 基因鲑鳟鱼类的福利与养殖管理

◎温海深

　　我这个话题是关于冷水鱼的,目前这个话题被美国人炒得很热,我本身不做转基因工作,是做冷水鱼类养殖生理方面的研究。今天我谈谈转基因鱼类后期养殖管理的问题。我个人认为,三文鱼上市只是迟早的事情,我看上午发言中没有涉及这一类,关于转基因技术方面问题我就不讲了,因为已经讲得非常多了,这里面朱作言院士已做了非常有创造性的工作,后来国内外学者根据不同的目的,又进行了不同的转基因的鱼类研究,大多数都是按照育种来进行的。现在炒得最热的是转基因大西洋鲑,以及三文鱼、虹鳟的六块肌肉,还有中国的鱼以及观赏动物。转基因育种主要针对有非常突出的性状,如果一般的性状,不能超过杂交育种和传统育种,市场上没有太大的推广价值,所以从这个角度来讲,加拿大人研究得比较多。最近有一篇文章披露了三文鱼要上市的信息,这家公司宣传大西洋鲑的时候做了两张图片(图略),用鳕鱼的启动子转基因给大西洋鲑。我们中国根据鲤鱼转基因来总结出来这样的意义,突破了生殖能力,意义是其他传统育种所不具有的优点,也是朱院士的团队总结出来的。现在讲得比较多的是大麻哈、虹鳟和大西洋鲑,生长最好的就是转生长激素基因的大西洋鲑,做得比较多的还是加拿大的团队,发的文章很好,其中有一篇文章写的银大马哈鱼转基因生长的情况。外源激素作用方面也有一篇文章,比较了野生、家养的鳟鱼还有外源激素注射的鱼和转基因鱼,也就是说由于鱼类种间差别比较大,遗传结构背景不同,产生了不同的转基因株系,所以每个鱼类转基因研究途径不同。鲑鳟鱼类之间也存在差别,在没有转基因之前,需要 3 年达到上市的规格,转基因之后实验结果是 1.5 年达到上市规格,也就是说速度提高了 1 倍。

第二个我想讲一下福利,作为养殖标准咱们国家一般不按这个标准去做,我们今年承担的冷水鱼的公益项目,我负责养殖容量研究,有人建议把福利指标参考进去,作为鲑鳟鱼和鲟鱼养殖容量依据。欧洲的很多养殖标准都是福利标准,这里面有五个原则:生理福利、环境福利、心理福利、卫生福利、行为福利。对于鱼类来讲,我们测的指标是死亡率、食物转换效率、营养状况、生长率、个体大小差异、健康状况以及应激反应等,特别是转基因鱼和普通鱼不一样,所以整个行为可能都和正常鱼不太一样。在我们国家福利指标也在动物上实行了,我想将来这些鱼类特别是一些转基因鱼上市之后,转基因鱼本身就是对鱼类福利的一种侵害,如果后期养殖鱼再不好好做福利,可能后来人类对于动物的福利影响就会更大。转基因对鱼类福利的影响,基因操作尤其是转基因对鱼类福利具有显而易见的影响,也是公众关注的焦点之一,会导致鱼类疼痛、身心压抑、行为异常等健康问题。传统选育与转基因选育最大的差别,会形成鱼生理不平衡体,从这个角度来讲,转基因所有元件(当然还有启动子)效率都非常高,可能都是对福利的一种侵害,所以要求在养殖的过程当中,无论是操作还是转基因,还是对于生理的认识,还是日常的管理,对于后期都是非常重要的。当然,转基因和其他的选育都有自己的副作用,福利问题是转基因论题中的实质性问题,主要是基因操作具有不确定性,转基因成功率低,产生许多无遗传修饰的无用动物,建议对待转基因动物的福利问题采取效用主义的论证进路,这样既考虑人类的受益也考虑对转基因动物的仁爱,在人类受益与转基因动物的痛苦之间进行权衡。但目前由于评估转基因动物及其产品的安全和有效性还存在很大的不确定性,在人类受益很不明确的时候,还没有达到相应的效果。在转基因鱼类的饲养过程当中一定要掌握整个福利指标的检测,给它制定一个福利标准,比如说挪威,对运输、养殖都有福利标准,这完全是有可能的。针对某一个鱼来做福利标准,而这个标准是人类最容易忽略的标准,我们常常按人类自己的经济目标去做事,没有考虑鱼类自身的生理需求,这里面最突出的问题就是营养问题,一个转基因的鱼类生长强度这么大,营养生理与正常鱼类不一样,有没有人认真研究过?比如说转基因大西洋鲑耗养率肯定是不一样的,现在的体系能不能满足转基因大西洋鲑的养殖?能不能满足大西洋鲑的营养需求?带来的后果不仅仅是营养本身的问题,还有免疫的问题、生殖的问题,所以我认为在养殖管理方面要突出解决营养问题。另外,鱼类的本身营养也涉及肉质的问题,大西洋鲑基本上是没有营养标准的。在福利问题当中,要注意几个问题,一个是营养问题,第二是健康问题,第三是环境问题。比如说水体理化指标,特别是 DO 水平是不是满足要求,运输和放养密度,这里面现实可操作的就是密度问题,比如耗氧率大了,可以通过密度来调解饲养操作,这是比较现实的问题,所以密度就会成为运输和养殖方面可以调控的方面。挪威对非转基因鱼类做了运输标准,在运输过程当中测定了很多的环境指标,把硬件条件固定了,在这方面就是一些福利标准,所以密度问题是一个非常突出的问题,转基因的大西洋鲑和非转基因的大西洋鲑摄食强度都不一样,降低放养密度,多点投喂,减少相互接触和敌对可能性,多次投喂,适时进行分级。目前养殖设施也不一样,因为模式不一样,标准也不一样,网箱是一个大的模式,挪威都是网箱养三文鱼,中国养三文鱼主要是在西部的水利工程枢纽,他们大力发展虹鳟和三倍体虹鳟养殖,下面的流水是在室内育苗,金鳟在国内养殖面也比较大,我们目前市场上挪威的海产大西洋鲑马上面临活鱼上市的问题,将来如果大西洋鲑整体上市,中国有可能是一个重要养殖市场,我估计中国的三文鱼潜在市场太大了。不同的放养密度和胁迫之后,胁迫对鱼类肉质也会产生不良的影响。所以说转基因鱼类评估是复杂而系统的工作,应该考虑各个可能出现的问题,但是也难免不周全,建议从伦理学角度进行全面评估。我们现在考虑的是安全问题,建议把福利和养殖管理纳入到整个评估指标当中去,转基因鲑鳟鱼是特殊群体,它们食物消耗量大,耗氧多,竞争力强,因此极易对环境产生胁迫反应。我们国家是冷水鱼非常丰富的国家,大西洋鲑、金鳟、二倍体和三倍体虹鳟,这些都是从国外引进来的,都不是我们自己的品种。我们正在做的是虹鳟的整个养殖容量问题,我们也参考福利标准去做,刚刚开始做了一半,我想逐渐能够得到国家的重视,特别是冷水鱼的要求水环境比较清新,把这个标准纳入进去。

主持人:

温教授提了一个非常有趣的话题。

温海深：

寿命是没有列进去的。咱们的转基因基本上是按照个案进行处理，比如说家畜很难列，鱼类就更难列了。

汪亚平：

鱼类的福利和人类的福利应该是一致的，鱼能够健康的成长，我想它应该享受好的福利。

孙效文：

我上次也听了一个教授讲福利，我也挺困惑，因为前几天中央电视台报道黄石公园一只美洲豹去吃羊，动物园没去干涉，为什么不干涉？说它吃羊就是它的福利，也是它的一个权利，它在生物链上有这个权利。我们人也是生物链上的一个动物，我们现在养它就要吃它，就是我们的福利，限制太多了，我们的福利就不自由了。发达国家搞出来的这么一个动物福利。在美国一只狗受虐待了，到处又喊又叫，其他国家的人怎么也不管？我想还应该现实地考虑把人也放到生物链当中，不然把人限制这么多了，人就没有福利了。

温海深：

福利这个问题我觉得挺复杂的，我本身也不是研究伦理学的，它只是伦理学当中的其中一个小部分。我是做技术的，专门有这方面的文章，以人类为核心的观念是不是占主导？因为我们认为人类是社会的控制中心，所以其他都是人类的食物，我们人类的福利是必须保障的，但是从动物的角度来讲，福利是不是要保障？人是不是客观的主体？就看你是来源于欧洲还是来源于中国，我刚才讲我没有把福利套到中国当中，只是参考了中国的福利标准做合理的养殖密度，因为社会背景不一样，观念不一样，提出的标准也是不一样的，所以这不是完全照搬过来的东西，而取决于世界观。

主持人：

我想这是一个复杂的问题。

转基因鱼应用前景

◎王卫民

　　我今天一是来学习,二是对转基因鱼的知识进行探讨。朱院士的研究做得很早,我们华中农业大学水产学院在这方面做得不是很多,但是我们学校研究转基因植物的较多,而且研究水平高。虽然我们水产学院做转基因鱼研究不是很多,但我们要来支持和声援我国的转基因鱼研究,今天的会非常及时,我们希望鱼类转基因能够早列入我国的转基因专项。我国的水产养殖产量这么大,转基因鱼研究不能列入转基因专项是一个很大的问题,会对中国今后水产养殖的发展造成较大的影响。因此,我们呼吁转基因鱼研究能够尽早列入国家转基因专项项目中去,转基因鱼可能存在环境安全释放问题,但不能因为这而剥夺了我们对转基因鱼研究的权利。

　　我们学校做转基因植物做得比较多,也面临着很大的社会压力,当前人们对转基因产品还认识不充分的情况下,这种压力也是正常的。转基因植物研究比转基因动物研究早一点,研究的水平要高一些,成果也多一些,研究出来可上市的转基因植物较多,美国有些转基因植物早已上市。而在中国,转基因产品上市就不那么容易了,我们学校做的一个转基因抗旱植物,种植的效果非常好,在一个非常干旱的田里,转了抗旱基因的植物生长非常好,而没有转抗旱基因的都枯黄了。即使是这样好的品种,在我国要上市还有很长的路要走,原来我们以为生产应用安全证书得到了,就可以马上上市了,其实不然。

　　关于转基因鱼类,前面大家已经讲得很多了,很多老师说过世界其他各国对转基因研究很多,也有一些成熟的转基因鱼品种,可能要上市,但到目前为止还没有一个转基因食用鱼品种上市。转基因斑马鱼在美国已经被批准上市,斑马鱼可作为研究的模式种,也可以作为观赏鱼。另外一个研究比较成熟的转基因鱼——大西洋鲑,其实在美国 2011 年 10 月份是准备上市,由于种种原因后来又不准上市了。当今世界，人口在不断地增加，人是需要动物蛋白的，其实我们中国水产养殖总产还要增高是比较困难的，必须通过育种获得高产的品种来增加产量，其中转基因也是育种的一个方式，所以要推动产量的提高，转基因也是一个今后很有效的方法，随着对转基因产品研究的深入和人们思想观念的改变，我想总有一天转基因鱼会上市的。

另外，关于反对转基因研究的声音较高，我觉得存在知识普及的问题，有的时候我们给搞生物的人解释还解释得通，但遇到一些不是学生物的人就难以解释了，他们人多，因而反对的声音相对要多一些。此外，我们国家以后发展水产养殖可能还是要向工厂化养殖、集约化方向发展，现在海水工厂化养殖搞得比淡水要好，工业化养殖必须要有好的品种，好品种生长快、抗病性强，产量高，可以摊薄生产成本，转基因鱼就是其中一个选择对象。

我们学院转基因鱼研究起步比较晚，最近刚刚开展这方面的研究，朱院士做的转基因鲤，生长速度快。我觉得除了生长快以外，还有温院长讲的养殖容量问题，其中一个就是耗氧率和耐受力问题，一亩可以养出上万斤的乌鳢和泥鳅，是因为这两种鱼的耐低氧能力强，对环境忍受能力强，但其他鱼类就没有这种高的耐受能力。因此，能不能找到和克隆出这种高耐受能力的基因，把它转到其他养殖鱼类里，使这些鱼同样具有高的耐受能力，这正是我们生产中急需的品种。

转基因研究面对的社会压力非常大，我们学校也面临非常大的压力，学校为了减轻压力，组织了业余科普写作小组，撰写转基因的科普文章，编写转基因科普读物，或在网上发布一些转基因的基本知识，诠释转基因与我们生活的关系，可以消除部分人对转基因研究的误解。希望我们搞转基因鱼研究的科学工作者也能这样经常做些正面的宣传。盼望朱院士的转基因鱼能够早日商品化。

转基因鱼研究和转基因安全问题
◎叶 星

各位专家好！利用今天这个机会简单介绍一下我们实验室的工作。结合今天的主题，我先就转基因鱼研究和转基因安全问题谈一下自己的一点看法。

前面有多位专家都提及了转基因植物方面的成绩，我们大家也看到，尽管存在着种种顾虑，但是转基因植物确实为世界的粮食生产作出了巨大的贡献。最新的统计数字显示，由于粮食安全问题和经济危机的共同影响，现在全球饥饿的人口已经突破了 10 亿，如何提高粮食生产的产量和保证粮食生产的安全，已经成为非常重要的问题。

关于鱼类产量我们查到一个数据，是 FAO（Food and Agriculture Orgarization）2010 年刚刚发布的。大家看到的这个图上（图略），红色代表捕捞的产量，蓝色代表养殖的产量，绿色显示需求的缺口。这个缺口需要从提高养殖产量来填补。

大家都有知道，提高产量的一个关键因素就是培育优良品种。转基因是有效的途径之一，植物上已证明，转基因作物的成功使转基因技术成为世界普及最为迅速的生物技术。从朱院士的转基因鱼首获成功到现在，世界上已对超过 30 种的鱼类品种进行了转基因研究，包括经济鱼类和小型鱼类，刚才朱院士介绍的水生所的鲤鱼、古巴的荷那龙罗非鱼、美国的转基因的大西洋鲑、加拿大团队做的大麻哈鱼等。

研发转基因大西洋鲑的美国 Aquabounty 公司希望在他们拿到 FDA（Food and Drug Administration）商用化批文的时候，能够申请在中国的一个内陆封闭式养殖系统中进行养殖实验，目的是想向中国专家证明转基因鲑的养殖效果与安全性。他们在准备申请的过程邀请我协助其文件材料的准备，接触过程中，我觉得印象最深的是他们严谨的工作态度。尽管已有在其他国家做过养殖实验的经历,以及多年来在美国向 FDA 申请上市的各种论证实验数据与材料,还是坚持等待拿到 FDA 的批文再递交申请。这与我国目前某些科研工作的浮夸、急躁形成鲜明对比。转基因大西洋鲑在生长方面会比野生型的缩短一半时间上市,可显著提高产量和效益。转基因鲑安全性的评价、对消费者和环境的长期安全性预期是基于一系列检测或实验所获得的:第一,对转基因鱼超过连续七代的整合基因的 PCR 扩增与测序,整合基因序列稳定,包括启动子调控序列部分;第二,生长表型可预见;第三,动物安全性方面的行为、形态以及营养成分检测结果正常;第四,鱼肉的营养组成与养殖的鲑鱼相同;第五,鱼肉诱发过敏的可能性与养殖的鲑鱼相同。另外,设置的多重物理的拦截与生物防逃措施非常有效。

关于生物安全方面,相关的处理包括单性和多倍体不育处理,有希望把风险降低到最低程度。结合我们近些年在转基因鱼上的体会,我觉得转基因鱼培育方面有几点需考虑。

第一,需要获得稳定、显著的表型。今天听朱院士介绍转基因鲤有着显著的生长表型,这非常值得庆贺。我们是不是要考虑南北方地理环境与气候条件的差别、消费者的食用习惯等?比如广东的消费者多是不太喜欢鲤鱼。可否考虑针对不同地区与需求,来组织转基因鱼研究?以培育出不同的转基因鱼品种分别适合海水与淡水、南方与北方的养殖。抗逆新品种的培育也是迫切需要的。

当然很多性状的基因控制还需要更多的前期基础性研究。现在除了生长激素基因的生理功能比较明确,并且已有转生长激素基因鱼的生长表型充分证明它是主效基因,其他的很多经济性状的基因控制还不甚清楚。

第二,关于转基因鱼的释放问题。上午汪教授介绍了他们在转基因鱼适合度方面的研究进展。国外在转基因鱼与野生型鱼间适应性、存活率与繁殖力方面也做了不少研究。但不管怎么说,应注意到还存在着基因型与环境互作的问题,很难预测转基因鱼一旦逃逸会对自然水生态环境产生怎样的影响。所以在实验室里面拿到的数据是不是能够真实地反映在自然环境中可能会出现的后果,还需要慎重考虑。就是说在绝育问题没有 100% 达到或者说有绝对把握的时候,转基因鱼的释放还是要小心。Aquabounty 公司在我们国内选择的实验场地就是一个循环封闭式陆地养殖系统,养殖过程不用换水,除了少量的添加蒸发了的那部分水,养殖系统完全可以和自然水生态环境隔绝,这种养殖方式很适合转基因鱼的养殖。

第三,是关于转基因鱼研究的投入问题,刚才也有专家提到了。我们国家近年设立了转基因重大专项,有了较大的投入,我们可不可以呼吁一下,也给转基因鱼相对稳定的资金支持呢? 比如说类似现代农业产业技术体系这样的稳定投入可以保证研究团队稳定及转基因鱼研究可以系统、持续与深入地开展。不管从科学研究角度还是从产业化应用角度来看,我们国家的转基因鱼研究应该紧抓不放。

第四,要有足够的心理准备。关于转基因鱼商业化的问题是一个大难题,要有耐心。Aquabounty 公司向 FDA 申请的时候,预期是 2011 年的 2、3 月可获批的,后又预计可在 5、6 月份拿到,但事实上直到现在还是没拿到。这里有民众对转基因鱼的相关科学知识缺乏了解,也可能有某种政治原因。对于我们来说,重要的是有转基因鱼品种的储备。

最后我简单介绍我们在转自源基因唐鱼方面的研究进展。做这方面的研究主要是考虑到食用安全问题,至少要减少消费者的心理顾虑。我们选择全鱼基因或自源基因的转基因尝试,这方面的相关背景很多专家都做过介绍,我就不做太多的啰嗦了。

关于转自源基因已经有成功的例子,比如说泥鳅。我们分离了唐鱼的启动子,比较了近端与远端不同长度的启动序列的活性,认为长片段序列具有更多的转录因子结合位点,预测具有更强的转录活性,也通过标记基因证实了。同时分离了唐鱼自身的生长激素基因,构建了由唐鱼自身启动子与生长激素基因组成的转基因元件,进行显微注射。转基因鱼培育 45 天以后,实验组里面有一些个体就已经明显大于对照组,100 天的时候,最大的个体是对照组体重的 2.1 倍,体重是对照组的 3.0 倍。我们还进行了生长激素与荧光蛋白激素基因的共注射实验,在共注射组里长得大的个体都有荧光,也就是说共注射可提高检测效率。当然实际品种培育时,我们希望尽量减少外源基因,就不应加入标记基因了。

上面介绍的是我们做的一些工作。最近我们也是在探索开发一些新启动子和基因功能验证,希望通过转基因提高鱼的抗病能力,也希望得到各位专家的指导。

温海深:

要到中国做实验,是陆地系统、海水系统还是淡水系统?

叶　星: 淡水系统。

温海深:

商业价值是完全不一样的。

叶　星:

这个系统也可以是海水系统,它是循环的。

温海深:

陆上离海很远,成本会很高的,如果是淡水,商业价值就没有海水那么高了。

叶　星:

美国公司做这个实验的目的只是想展示转基因鲑的生长表现,实验结束后实验鱼是要销毁的,不作食用。到真正商用化养殖时可能就应考虑到养殖环境与产品的食用价值的问题。

虾类转基因研究的思考

◎相建海

今天和大家交流一下对转基因水生生物的肤浅认识,希望得到各位更多的共识。联合国粮农组织于 2003 年 11 月 17 ~ 21 日举办了一个转基因生物包括鱼类安全评估的专家咨询委员会,我有幸当时参加了这个会议,会议上有来自世界各国的十几位专家参加了讨论,历时 5 天,最后形成了一个报告,内容有前言、背景、会议框架和定义、转基因动物研发(当时的)现状、转基因动物所获食物安全评估的方法、产自动物生物技术的食物安全特殊考量、国际管理办法以及伦理上的考虑。

会议对于转基因将来的应用前景进行了前瞻评估,应该说充分考虑到转基因技术在水产养殖或其他领域重要的用途,总结了当时转基因鱼类和动物方面的一些进展。实际上,提高动物的产量、质量,是人们追求的主要目标,此外,新制品获取和人类健康、动物健康以及生物控制也都是转基因技术应用要达到的非常重要的目标。在当时,转基因动物的研究工作,鱼类是为主的,而甲壳动物中当时只涉及卤虫。

该专家咨询特别会议重点提出了对于安全评估的方法和原则。以前多数人认为转基因的鱼类和其他转基因动物作为食品,重点考虑"实质性安全等同(Substantial Equivalence)"的观点。这次会议专家建议采取另外一个概念,即更广泛地比较安全评估,也就是 CSA(Comparative Safety Assesment)的概念来加以替换。这是一个两层次的方法,第一步是详细比较转基因动物与最接近的传统类似参照物,比如说转基因鲤鱼和自然鲤鱼相比较,确定对于消费者是否有任何安全提示方面的不同,这种比较包括寻找表型特征与组分分析上的差异。表型分析应该涵盖健康相应的参数,而组分分析将聚焦于动物制品中被详细审视的关键物质上,方法还应按照最现代的科技发展水平而变化。第二步,对转基因动物和其传统的对照物开展生态毒理学和营养评价上的差异比较,其结果或许还需要进一步检验即开展复查,以确保获得对于最后风险特征的全部相关信息。

报告特别强调提出了对于生产过程中有害物质的评估,一方面要认知有害物质的特性;另一方面,对于相关食物纳入过程的风险进行评估。

此外,报告提及了关于伦理方面的考量,这方面我们还不是非常熟悉,文中列出一个简化的表格,伦理问题除了考虑转基因鱼类本身以外,也包括如果产品进入市场以后,生产者、消费者,乃至生态系统等不同层面上对于福利增强或消减,尊严/自主、正义/公平等方面的考量。

我认为,迄今为止,转基因技术的研究水平在生物界中,微生物第一、植物第二,动物第三;陆生生物优于水生生物。整体而言,美国转基因技术发展走在世界前列,中国现在是不甘落后,急起直追,但我国在水生生物转基因技术具有独到优势。欧盟由于认识上有较大分歧,其研究受到了很大的限制。

尽管我国转基因的重大专项已经启动,但还是限于粮食、棉花等作物和少数动物上,大多生物,包括所有海洋生物的转基因研究都是处于很低的资助状态下,我们在"十二五"重大项目"海水养殖种子工程"的规划中,曾建议把转基因作为前沿技术考虑,但最终未能列入。由于目前较为普遍存在的对转基因安全存在的疑虑,在向国家基金委申请转基因的项目评审过程中,评估结果也是不乐观的。我认为,在对待转基因技术的应用上,尽可能谨慎是必要的,但相关研究一定要给予鼓励,否则如果现在不重视该项技术的研发,获得具有自主创新的知识产权,将来是要吃亏的。

世界水产养殖架构组成中,淡水中鱼类产量应该是最多的。甲壳类包括虾蟹类,产值相当高。世界上对虾产量,凡纳滨对虾等四种虾占了85%左右,从产地来看,中国占了28.6%。应该说对虾作为转基因研究对象,也是中国科学家考虑的重点。国内外主要在2000年前后进行了一些研究,而现在却鲜有报道,主要的原因是对虾转基因方法比较棘手,包括显微注射、电脉冲,但是成功率很低,同时基本上都是在卵的层面上进行操作。我们曾实现了直到幼体的表达,研究的水平和鱼类相比差距很大。但由于对虾是一种生长周期比较短的动物,一旦建立转基因的技术平台,对进一步研究是有利的,这是它的优点。对于提高外源基因的整合效率我们也进行了一些思索,我们2001年的转基因对虾试验也取得了一定进展,当时采用了基因枪和电转方法,目标是针对 WSSV 的抗感染,采用了核酶基因与报告基因 GFP 联动的办法,同时用一个启动子启动,实现了外源报告基因在体内表达,一直到糠虾幼体都有检测表达,但是核酶基因没有起到很好的作用,其原因没有往下分析。对虾的生殖操作难于遗传操作,就是必须要控制它产卵的过程,在准确的时间获得受精卵,在特定时间窗口中要么进行注射,要么用基因枪,这个过程很难。我们成功实现了三倍体对虾的诱导,三倍体虾的性腺发育非常不好,镜检可以看到精子形态是不正常的,卵巢发育也是不正常的,也就是说它是基本不育的对虾。采用转基因三倍体的策略,有望解决转基因对虾的生态安全问题。

我们实验室正在把脊尾白虾作为虾类实验动物的尝试。该虾与和蟹类有一些类似之处,都是抱卵的,可以有利于我们开展甲壳动物转基因工作的开展。目前已对脊尾白虾一些基因启动子进行构建和功能分析,对一些转座子进行了克隆分析,同时我们对脊尾白虾的转录组进行了大量的筛选,为我们下一步要进行有效的虾类转基因工作打下了一些基础。我这里强调一下,尽管对虾转基因目前研发状况和市场化相距甚远,与淡水动物特别是鱼类相比,也差得很远。但我认为,前沿性的研究必须开展,如果现在不努力,今后就不可能实现实用化或者是产业化。希望更多的专家参与这方面的工作,推动开展这方面的研究。现在筛选和克隆了越来越多的对虾候选基因,如何验证其功能?到底怎么利用这些基因?我觉得转基因是实现上述目标主要的手段,尽管不是唯一的手段,如果没有转基因这个技术,怎么开展分子生物学的分析?这是我的一些观点。

主持人:

转脊尾白虾和其他虾的差异还是很大的。

相建海:

是的。但转基因是一个系统工程,虾有其共同的特性,脊尾白虾由于世代时间短,易于人工饲养和繁殖,可以作为虾类的实验动物,就像斑马鱼作为鱼类模型一样,有其独到的优点。至于真正实现对虾转基因,完全可以借鉴脊尾白虾的数据与经验,如果有了前一步的基础,我想实现对虾转基因并不是太困难。

转基因鱼安全性与斑马鱼

◎刘　东

我以前是搞水产的,现在主攻发育生物学,即鱼的发育。我从20世纪80年代末、90年代初有4年在中科院武汉水生所,师从朱作言老师。来到这里听讲,有一种回家的感觉。

这个故事(Vol 467,16 September ,2010. *Nature*)大家都知道,实际上消息一出来即引起了轩然大波。AquaBounty的情况好几位老师前面也说了,这个公司最初是叫A/F,由加拿大的三位做抗冻蛋白质生物化学的教授在美国波斯顿注册、融资。我在多伦多大学读研究生时的导师邱才良(Choy Hew),是这家公司的创始人之一,而我那时在他多伦多的实验室主攻三文鱼的内分泌学——垂体促性腺激素基因的调控和大西洋鲑洄游行为的关系。间或,我也做了一些转基因鱼的工作。我记得当时是替他们公司做第三代的转基因鱼性状鉴定,发现转基因鱼只在肝脏中表达生长激素基因,垂体中测不到转基因的mRNA。也就是说,他们用的转基因是肝脏特异启动子驱使的,只限于特定部位生长激素基因高表达,但也能促快速生长。那么究竟是什么原因促使他们的转基因鱼能够快速生长呢?后来在其他鱼或动物实验中发现,IGF-1似乎在调控生长形状上更重要。所以我们当时有个猜想,肝脏中高表达GH并非直接原因,而是通过调高肝脏IGF-1间接地达到快速生长的效果。这一猜想不知现在是否已有实验验证。

虽然我在加拿大没有搞转基因鱼,但一直还是有跟踪,觉得和这种鱼挺有感情的。但这家公司的前景并不好,到2011年第二个季度,他们说现在还在等FDA的通知,这个季度损失280万美元,也就是说,可能他们已经有一些问题了。他们的申请之所以被拖了,主要是受大众媒体和一些科学家,特别是环境保护主义者的阻挠。但他们还是比较乐观的:AquaBounty has not been informed of the likely date of the publication of the EA, but remains in dialogue with the FDA which leads the Company to believe that they are advancing towards the successful conclusion of the process.

这是 2011 年发表的争论性的文章[Nature Biotechnology, 2011, 29(8)],他们想强调的是诸多关于转基因鱼所需要考虑的东西,实际上他们也是在抱怨。FDA 一开始有点透明性,向外公布受理转基因三文鱼申报进入消费市场的消息,没想到在美国一公布就引起了社会上的轩然大波,就像刘老师今天也谈过关于转基因植物,这篇文章也提到转基因鱼是不是会因为产生了一些不该表达的或者是本来丰度很小的物质,造成吃这种食物的时候会引起过敏反应等副效果。这是具有一定代表性的大众观点。当然这里面也提到 IGF－1,一般人听到多会觉得这是很要命的一个问题,因为异常表达 IGF－1 是癌变的一个标志,也有实验证明太多的 IGF－1 会引发病变。还有 Ω3 和 Ω6,当然最多的还是对于环境的考虑,安全性的问题。实际上刚才有几位老师也说了,有国会议员签署动意要禁止上市。但是实际上这篇文章在说,对这种转基因鱼非要用这种过于严厉的监察,无论对学术还是应用都是不利的。

还有就是这篇文章[Science, 2010, 330(19)],说 FDA 现在快速生长鱼对这种状况的评价体系还是不够好,没有充分考虑可能对环境的长期影响。实际上根据这几篇文章有代表性的文章("Genetically Modified Atlantic Salmon Mating Study Reveals Danger of Escape to Wild Gene Pool" – Darek et al. , 2011. Reproductive performance of alternative male phenotypes of growth hormone transgenic Atlantic salmon (Salmosalar). Evolutionary Applications, online publication; Risks Involved With Transgenic Fish: more resistant to toxins and natural breeds are under threat – University of Gothenburg Researchers have studied transgenic fish on behalf of the EU in 2009; Genetically Engineered Salmon Safe to Eat, but a Threat to Wild Stocks: Cornell University researcher, who is a member of FDA's Veterinary Medicine Advisory Committee),科学家们认为转基因有可能逃到野外,影响到野生种群。而对于毒理研究来说,转基因鱼的研究尚不够完整。虽然吃可能没有问题,但是对其他各方面可能会有影响,其实这样的忧虑在过去 30 年,对人工饲养鱼的逃逸,从而影响环境,世界各地从未间断过争议。因为人工驯养的鱼已

是新种,或多或少都可能会对野生、环境造成影响。我们从推广人工养殖鱼,并被大众逐渐接受这样一个事实中,似乎还是能够乐观地去摸索出一条普及转基因鱼的道路。

另外,我觉得今天有好多的老师提到了,如果做成不育的转基因鱼,还可培育单性鱼。

我是 2010 年才开始做斑马鱼模式动物做性别决定调控研究,比如说最近研究结果显示,这两个基因(DMRT1 和 CYP21A2)可能对斑马鱼性别决定有重要作用。台湾地区一位学者(钟邦柱)发现斑马鱼的性别决定了时间图和大概的途径图,通过他们的研究,他们认为实际上斑马鱼性别决定可能是 ZW,而不是我们原来想的 XY。

斑马鱼里面有很多的基因具有性别特异性,但是也有很多的在其他物种中与性别决定调节通路有关的基因,我们暂且还不知道在斑马鱼中性别特异性是怎样的。我们知道,斑马鱼性别受环境的影响很大,比如说有很多办法可以使斑马鱼发育早期改变其预设性别,使它成为单一性别,我们后面自己也实验发现,用不同的温度处理幼鱼也可以影响性别比率。

今天有两位老师也提到了,我们可以在斑马鱼去除 Dead end 基因功能,这样就看不到 nanosGFP 在性腺、组织细胞里面表达,我们用 Vasa 原位杂交来看确实种质细胞没有了,切片的染色实验表明,性腺的形态也改变了。这也是 2010 年的一篇文章发现的一个现象,即如果种质细胞生存无法维系,所有的斑马鱼将成为雄性不育个体。

如果用这么一个很复杂的路径图来说明斑马鱼的性别决定,我们可以看出,种质细胞与斑马鱼得性别发育非常相关,特别是雌性的发育和种质细胞非常相关(Siegfried and Nüsslein – Volhard,2008. Dev. Biol;Rodríguez – Marí et al.,2010. PLoS Genetics)。

我想说,通过斑马鱼的研究,我们现在推论,要产生单一的某一性别的鱼群是完全可行的。如今在后基因组时代,斑马鱼的研究成果对于保证转基因鱼的安全性,可能有一定的借鉴。

实际上转基因技术每天都在用(斑马鱼)。第一篇转基因斑马鱼的报道可以追溯到 20 世纪 80 年代末,除了把基因片断(DNA)打进去以外,我们现在用了更多方式,比如用 Tol2 转座子系统,我们可以提高转基因的效率,在我们手上可以达到30% ~ 50%。还有一个方法使用 meganuclease 介导的转基因方法,是用青鳉鱼建立的,而在我们实验室用斑马鱼可以达到最高75%转基因。现在我们已有很多的方法做 Conditional transgenesis(hsppromoter,heat sensitive enhancer,Cre/Loxp system,tet – on system,uas/gal4 system),相信对其他鱼的转基因研究和运用也应该有一定的帮助。

另外,是随心所欲地培育突变斑马鱼系。所有的这些技术都会对研究转基因鱼有很大的帮助,如果我们可以借用这些方法,如最近北大张博实验室今年发表在 Nature Biotechnology 上的成功运用 TALEN 培育定点(基因位点)突变品系,他们的方法可以使成功率达到80%。这是一个巨大的技术飞跃,将给各物种的遗传研究带来一次变革,也包括使转基因鱼完全不育。我只是想给大家一点斑马鱼遗传研究的一些最新情况,仅供参考。

大型海藻基因工程研究

◎姜　鹏

今天参会学习到了很多东西,有一个特别的感受,目前在转基因领域存在着很多不平衡:一是技术与成果的宣传遇到了大众的抵触;其次,转基因陆地作物发展非常迅猛,转基因动物的工作做得也很漂亮,但在推广方面却遇到了很大阻力;再有一点,就转基因鱼而言,淡水鱼研究已非常深入,海水鱼则仍存在很多技术上的瓶颈。

我们研究工作的对象是大型海藻。由于藻类的进化地位比较低等,所以在技术上面临很多挑战。尽管如此,我们仍然发现并总结了一些藻类的特色,下面给大家简要地介绍一下。

咱们国家大型海藻的栽培产业还是很有特色的,有几个支柱性的栽培种类:海带年产量达到300万吨,占全世界海藻产量的1/2。海带是一个引入种,属于冷水性的生物,于20世纪20年代引入中国。以前海带传统加工的产品价值比较低,最近几年开始应用于制药和农肥等,应用途径拓宽了。

裙带菜年产1万吨;紫菜,是寿司的主要原料,是产值最高的栽培海藻,年产约有2万吨。还有龙须菜、麒麟菜,主要用于提取琼胶、卡拉胶,这两种年产量也约有2万吨。

我国已经建立了位居世界首位的大型海藻产业。一方面作为一种作物,建立转基因手段可以作为一个很有希望的、快速高效的育种手段;另一方面,海藻具有海洋的特性,这一点特别值得我们去挖掘,转基因海藻的应用应体现海洋特色,应具有不可替代性。

我们认为大型海藻基因工程的前景是很好的,但目前来看,相关的研究方法和体系尚需要探索和建立。大型栽培海藻主要包括红藻、绿藻和褐藻,它们和陆地植物之间的差别非常显著,因此,相关工作的困难是很明显的,我们的研究思路是通过借鉴高等植物的原理和方法,同时紧密结合藻类的特色,对几个方面开展比较系统的方法学研究,希望能够建立对大型海藻普遍适用的方法学体系。

在调控元件的研究方面,我们经历了这么几个过程:由于海藻的遗传背景比较模糊,一开始我们使用植物当中的一些元件,后来发展到动物来源,发现其效率更高,最后发展到来自藻类自身的元件,从安全性的角度考虑,利用自身的元件可以减少一些安全隐患。

在受体系统的研究方面,高等植物常用原生质体,对于大型海藻来说,组织培养的材料体系比较困难,但是大型海藻有一个共同特点,其生活史存在世代交替,比如说海带的叶状体是二倍体,但微观阶段的丝状体却是单倍体。紫菜正好反过来,叶状体阶段是单倍体,而微观丝状体阶段是二倍体。栽培海藻的生活史多具有微观阶段,而且可以独立生活,这是和动物的卵、精子以及高等植物的花粉明显的区别。我们正是借鉴海藻的生活史特点,将海藻的微观生活史阶段特别是孢子发展成一个比较成熟的转基因受体系统。通过将海藻生殖细胞进行长期营养培养,可以获得克隆化的材料体系,我们实验室保存的海带配子体品系已经有30多年,针对这个材料体系建立了成熟的发育调控方法,既可以长期维持在营养增殖状态,也可以通过改变培养条件,诱导进入发育过程完成雌雄之间的受精。由此我们建立起一个具有大型海藻特色的受体系统,以海带为例,通过将报告基因 lacZ 转化海带配子体,在受精发育的幼孢子体阶段,我们获得了全蓝的海带。这条技术路线在褐藻裙带菜、红藻紫菜中也证明是普遍适用的。

在筛选标记的研究方面,由于每次转基因操作同时轰击超过100万个配子体细胞,因此需要借鉴高等植物的手段,发展有效的选择标记进行筛选。经过广泛的敏感性试验,我们发现与高等植物不一样,大型海藻普遍对除草剂草丁膦非常敏感,因此我们选择并发展、验证了相应的抗性基因作为选择标记。

通过对以上几个方面的系统研究,我们基本建立了大型海藻的遗传转化模式,以此为基础,能够实现导入基因的稳定表达。

本次会议的主题是转基因水生生物的安全性问题,早期的农业生物基因工程安全管理实施办法中还没有专门针对水生生物提出安全性的控制要求,但我们仍然很自觉地设计了一些安全性培养装置,在可控条件下进行转基因海藻的采收,以防止转基因孢子的逃逸。转基因海带存在两种表达系统,一个是转基因孢子体,另一个是转基因配子体。对于前者,我们仍然建议应该在一个封闭的水体中进行培养;对于后者,我们结合了光生物反应器技术进行营养增殖,可以看作类似微生物的表达系统。

总结以上内容,我们是针对海藻的生活史特点,特别是一些比较特殊的孢子繁殖的特点,多方面系统开展了大型海藻基因工程的方法学研究,建立了基本的模式。

在报告中专家们都提到转基因陆地植物发展非常迅猛,转基因鱼也做了非常好的技术储备,作为大型海藻来说,我们建立起了模式,实现了基因的稳定表达,下一步的努力方向,主要有以下三个方面:

第一,进一步的优化表达系统,实现基因更高效地表达。

第二,在安全性方面进行技术创新,今天会议很多报告给我们很好的启发,可以借鉴并发展适合藻类特色的安全性控制方法,在确保安全的前提下,将转基因海藻在开放水体中栽培,可以挥发更大的作用。

第三,海藻的表达系统必须要有海洋的特色,要发掘其不可替代的特性。

在这里我举一个例子,生物产油是当前的一个研究热点,能够真正实现产业化的工程微藻藻株,必然要同时具有很多突出特性,例如高的生长速率,能够耐受高的氧气含量以及不同的 pH 值、光线变化、抗病害等,转基因技术恐怕是获得这种超级藻株的重要途径。因此,我想只要转基因应用的突破口找得好,需求明确且具有紧迫性,那么在推动转基因材料的产业化方面应该不会遇到太大阻力。

大型栽培海藻的产量如果能够在开放的环境当中栽培,在提高产量方面不像鱼,另外在抗病方面也没有明显迫切的需求,大型海藻除了栽培获得生物量以外,在生物炼制方面也需要有独特的潜力,这些方向都值得我们进一步的挖掘。

另外,我补充一点对转基因水生生物知识产权问题的思考。我觉得今天会议的形式非常好,如果还有政策方面的专家会更好。大豆原产在中国,但美国转基因大豆的倾销已经把中国的大豆产业完全摧毁了,转基因技术早已超越技术本身，甚至关系到整个行业的前途。同时，美国非常重视对技术的保护，对转基因陆地植物有着完善的专利保护。联想到中国以前代工生产的 DVD 播放机，生产一台我们的利润很少，我们不得不担心，如果转基因作物得到大面积的推广，是不是也将面临要缴纳专利费的那一天？这是非常危险的事情。我们今天研究并讨论的是转基因水生生物，水产是中国非常有特色的行业，这是我们的优势，目前在转基因领域仍然存在专利保护的空白。我觉得在一些核心技术方面加强知识产权的保护，这可能对于产业今后健康的发展是非常重要的。

相建海：

刚刚谈到大型藻类，微藻发展的也很快，微藻方面有没有什么看法？是不是走得比大型藻类更快？

姜　鹏：

通过构建转基因微藻以提高油脂含量是一个重要的研究思路和方向，这方面部署的研究力量较多，进展也比较快，主要体现在一些重要功能基因的验证和转化体系的建立上，只是目前还没有一个明确的研究报道证实可以达到理想的提高油脂的效果，但从一些相关会议交流上看已经有比较好的苗头，我认为这应该是很有前景的工作。

鱼类转座子介导的转基因和新基因捕获策略

◎邹曙明

　　我来自上海海洋大学水产与生命学院,介绍的内容是关于养殖鱼类重要性状基因捕获方面的见解。实际上在 2009 年,我也有幸参加中国科协第 29 期新观点新学说学术沙龙,当时沙龙的主题是《基因资源与现代渔业》,我阐述的观点是有关《鱼类性状基因的鉴定及功能研究》,这次基本上还是这个方面的内容。

　　优异基因资源对水产生物转基因定向分子育种研究非常重要,目前,水产生物转基因所需的优异基因资源还非常有限。就作物而言,目前来讲还是有几个重要的基因,像苏云金芽孢杆菌的 BT 伴胞晶体蛋白基因,在作物转基因研究方面用得比较广泛,效果比较显著,主要是用来抗虫的;还有就是抗除草剂基因在作物转基因和植酸酶基因在玉米转基因研究方面也取得了较好的效果。

　　就畜禽而言,主要是围绕两个方面开展研究。一是用于畜禽性状的改良,例如生长素基因、多产基因、促卵素基因、高泌乳量基因、瘦肉型基因、角蛋白基因、抗寄生虫基因、抗病毒基因等基因转移研究,期望能育成生长周期短,产仔、生蛋多和泌乳量高的畜禽新品系;二是开展转基因生物反应器的研究,例如,利用转基因小鼠生产凝血因子 IX、组织型血纤维溶酶原激活因子(t - PA)、白细胞介素 2、α1 - 抗胰蛋白酶,以转基因绵羊生产人的 α1 - 抗胰蛋白酶,以转基因山羊、奶牛生产 LAt - PA,以转基因猪生产人血红蛋白等。

　　在鱼类转基因方面,我国有关单位和学者作出了很大的贡献。中科院水生所朱作言先生在 20 世纪 80 年代就研究出了世界第一例转基因鱼,并首先建立了转基因模型;中国水产科学研究院黑龙江水产研究所在转基因大马哈鱼研究方面取得了较大的成绩。在水产转基因研究方面,目前所采用的优异基因数量仍非常有限,主要采用生长激素(GH)基因、抗 Myostatin 基因和 ω3 基因等有限的几个基因。因此,要获得"有不可比拟的经济价值"的转基因品种还依赖于优异基因资源的进一步发掘与鉴定。

鉴定水产重要性状主控基因的方法,有通过比较基因组学如候选基因方法克隆获得,或者是通过全基因组测序获得,或是通过构建各类器官或组织 cDNA 文库、测定 EST 序列获得;还有就是基于鱼类遗传图谱和 QTL 定位的途径筛选新基因,虽然这是非常新的方法,但在国外某些养殖鱼类中也已取得了一些进展。

通过在鱼类中建立突变体库筛选获得新功能基因,也是一种重要的研究策略。该方法是一种基于正向遗传学的方法,主要通过人工诱变建立一个高覆盖的突变体库,然后筛选获得目标性状突变体,最后鉴定出目标性状主控基因。鱼类突变体库的构建有 2 种方式:其一,是通过转座子"插入诱变"方式进行全基因插入诱变,建立一个高覆盖的插入突变体库,筛选出鱼类单基因突变体,再进一步获得相关性状主控基因。转座子是一种新的遗传分析工具,它可在基因组内系统高效地产生突变,并允许人们快速识别主效突变基因。目前,转座子插入诱变突变体库已用于模式生物小鼠和斑马鱼的插入诱变研究。另一种方法是通过化学诱变剂进行"饱和化学诱变"获得突变体,进而筛选出优良性状主控基因。ENU(N – ethyl – N – nitrosourea,N – 乙基 – N – 亚硝基脲)是一种较好的基因组化学诱变剂,它通过对基因组 DNA 碱基的烷基化修饰,诱导 DNA 在复制时发生错配而产生突变。它主要诱发单碱基突变,从而使得相应基因发生突变,其诱变模式与自发基因突变特征类似。养殖鱼类繁殖力强、体外受精和体外孵化等特点都十分有利于实施基因组化学诱变。大规模的 ENU 突变已在斑马鱼中进行,已筛选出数千种各式各样的影响胚胎发育和细胞生长过程的突变体。

下面我介绍一下我实验室关于转座子克隆和转基因研究的一些情况。通过在近 20 种养殖鱼类和 6 种金鱼等鱼类中筛选,2008 年,最终在文种金鱼中发现一个新的有自主转座活性的 Tgf2 转座子,属脊椎动物转座子,有自主转座活性的转座子在脊椎动物中非常罕见。金鱼 Tgf2 转座子具有转座子的一些主要的特征区域,比如说末端反向重复序列,亚末端重复序列区域等。目前,该转座子相关的研究已申请了 3 项国家发明专利。

金鱼 Tgf2 转座子存在 7 个转录本 gfTP1 – gfTP7（GenBank 登录号 JN886586 –
JN886592）。长度分别为 2633bp（gfTP – 1）、2184bp（gfTP – 2）、2115bp（gfTP –
3）、2472bp（gfTP – 4）、2078bp（gfTP – 5）、2035bp（gfTP – 6）和 1907bp（gfTP –
7），这些转录本的 3' 端序列完全相同，差异主要体现在 5' 端序列的长度和序列
来源。金鱼 Tgf2 转座酶 7 个转录本可分别编码 686 个（gfTPase1）、650 个（gfT-
Pase2）和 577 个（gfTPase3）氨基酸残基的 3 种不同长度的转座酶。金鱼 Tgf2 转
座酶 mRNA 在金鱼所有组织中均有转录，以卵巢中表达量最高；在胚胎各发育
阶段均检测到转座酶 mRNA 表达，以成熟卵子中的表达量最高；整胚原位杂交
结果显示，Tgf2 转座酶 mRNA 主要在金鱼胚胎上皮组织的某些细胞中表达。

进一步的研究表明，金鱼成熟卵子中存在的内源性和体外转录的转座酶
mRNA 均可介导带有 Tgf2 顺式元件的供体质粒进行转基因，具有高效转座活
性。金鱼 Tgf2 转座子供体质粒注射到金鱼 1 ~ 2 细胞期受精卵中，获得 33% 的
阳性整合率；金鱼 Tgf2 转座子供体质粒与转座酶 mRNA 共注射到金鱼受精卵
中，阳性整合率高达 96%，并且为全身表达。表明该转座子在鱼类转基因和插
入诱变方面具有潜在的应用潜力。

我们已在斑马鱼、草鱼、金鱼和团头鲂中开展了 Tgf2 转座子转基因研究，
整合率约为 40% ~ 60%。利用 Tgf2 转座子比较高的基因组插入特性，我们构
建了供插入诱变研究的转座子系统，主要是想通过建立突变体库来获得一些目
标性状的主控基因。利用 Tgf2 转座子工具，对草鱼和团头鲂进行了插入诱变。
通过建立插入诱变突变体库来获得功能性状突变体；利用产生的目标性状插入
诱变突变体，筛选获得功能基因。我们在草鱼和团头鲂插入诱变后代中发现了
一些耐低氧和生长相关的突变体，并发现草鱼和团头鲂转座子插入位点两侧均
存在 8 – bp 的正向重复序列。Tgf2 转座子相关的转基因相关结果将在 2012 年
的"FASEB Journal"上发表。

除了转座子的插入诱变研究，我们还开展了草鱼的 ENU 化学诱变研究，尝
试获得一些生长性状化学诱变突变体，并用于草鱼生产性良种的培育，缩短草
鱼的育种周期。主要是通过 ENU 来处理草鱼成熟的精子，使雄配子基因组
DNA 产生点突变，与卵子受精之后在 F1 代进行养殖，并观察养殖性能。在

ENU 处理的草鱼 F1 后代中，一龄阶段的生长速度平均为 437g，虽然生长速度约为对照组体重（549g）的 80%，但是 ENU 诱导后代的变异系数非常大，为 276g，其变异系数为对照组的 6.5 倍。发现 F1 后代里面存在 85% 左右的畸形个体，畸形个体的体重较轻（小于 600g）；而 62%（166/484）的体重大于 600g 的后代的形态正常。这些形态正常、生长快速的 ENU 突变体可用于今后的基因筛选和建立选育群体。

我们对一些 ENU 诱变草鱼个体的生长相关基因的编码区序列进行测序，在某一些区域，比如在 MSTN－1 等基因编码框检查到了一些突变。在诱变的一些后代中，我们测定了 6 个生长相关的基因片段，跟它们的亲本进行对照，发现 ENU 诱变确实能够在后代中产生一定的突变频率，平均的突变频率是在 0.41%，对照组基本没有检测到突变。通过这种方法，我们建立了一个草鱼生长突变体群体，挑选 128 尾快速生长相关的突变体，并进行 PIT 标记和亲本强化培育，以供草鱼生长性状新品系培育。草鱼中 ENU 诱变的相关结果已发表于 2011 年的"PLoS One"上。

下面是我对转基因研究的一些个人观点。就水产转基因方面技术本身而言，我认为转基因水产研究并不是想象的那么容易，还有一系列重要的科学技术问题亟待深入研究解决。其主要包括：①技术本身，如基因（型）、转基因方法、定点整合及定点删除、转基因敲除、品种构建（嵌合体、杂合体、纯合体和多联体），不育、三倍体等方面需要深入探索研究；②食用安全性；③生态安全。昨天有专家也提到转基因动植物的食品安全和生态安全问题，我也认为对转基因产品的食品和生态安全问题需进行个案处理。

总的观点，我认为，尽管社会存在一定的反对意见，从科学和国家的角度而言，仍须加强转基因研究，在人才培养、水产转基因技术和转基因产品方面做好储备。

殷 战：

ENU 突变对于草鱼来说有什么影响？

邹曙明：

有部分 ENU 突变个体的生长速度要高于对照,62% 形态正常诱变后代的体重经 1 年的养殖大于 600g,目前 F1 代仍是嵌合体,还需要把 ENU 突变个体的基因进行纯合。

殷　战：

这个是单个的突变吗?

邹曙明：

我们检测的生长相关的 6 个基因编码区域,发生的均是单个碱基发生了突变。

殷　战：

还有没有其他的基因同时突变?

邹曙明：

这个是肯定的,在其他基因或基因组的非基因位置也应该会产生一些点突变,并产生不同的突变表型。

殷　战：

能不能肯定这条草鱼里面有没有其他的位点发生 ENU 位点的突变?

白俊杰：

按照比率来说肯定有,0.41% 的比率是单个基因的突变,测定的那几个基因的突变,从整个基因组来说得有可能突变,从量来说就很大。

邹曙明：

根据在模式生物小鼠和斑马鱼中的研究结果,ENU 也会使基因组其他位点产生一些突变,一些性状的产生往往是由一些关键基因突变引起的。因此,化学诱变育种需要进行大量诱导,并筛选目标性状突变体,这些优良突变体应该是在某些关键基因产生了有益突变,尽管也可能存在一些无关紧要的背景点突变。如对于某些负调控基因如 myostatin 基因的终止突变,我觉得还是比较重要的有益突变,可尝试用于养殖鱼类新品系培育。

朱作言:

这个库有多大?

邹曙明:

转座子插入突变体库,我们当时注射了很多,每天上午有两台显微注射系统在那儿进行注射,一个上午可以注射 1 万多颗卵,成活率还是比较高的,我们保留下来的是 5000 多尾。ENU 突变总共测量了 1000 多尾,总共保留了具有生长优势的 128 尾。

朱作言:

还会往下做吗?

邹曙明:

我想把它传代下去,还要继续往下做,进行更大规模的 ENU 诱变。

朱作言:

如果想做这个,样本量是一个很关键的问题,像这个工作,显然需要能够有一个部门把它协调起来,大家一起共同做这个事情。

朱作言:

现在哪种转基因效果比较好一些?

邹曙明：

主要还是转座酶辅助质粒好一些，与转座酶 mRNA 共注射的方法不是很好控制，主要是转座酶 mRNA 需要保存到液氮中，要把液氮拉到养殖场去较为费事。

海洋生物转基因的期待与思考
◎宋林生

　　我的工作中很少涉及转基因方面的具体工作,原想在转基因过程中目标基因选择方面发表一点看法,但昨天听了各位老师的报告非常受启发,也发现了一个问题,大家更多的注意力放在鱼方面,尤其是淡水鱼方面,所以我临时把我的报告改了一下,主要探讨对于海洋的生物转基因,我们应该做一些什么,尤其海洋生物转基因刚起步,需要特别注意什么。

　　先看一下陆地生物的转基因研究,应该说是做得最成功的。我们国家现在已成为一个转基因的大国,在国际上排在第6位,我国出台了一些条例,发了一些证书,从国家的层面也得到了一些认可。商业化的转基因动植物已有很多,走过的路非常值得我们水产领域的人去借鉴和思考。各位专家昨天也谈了,转基因是科学技术中的一种革命,对我们的生活会产生一些很大的影响,所以,如何把这种科学技术为我们很好地利用,我想这是我们应该深入考虑的问题。

　　看了陆地上的一些成功经验,我们可以转到海洋生物方面做一些思考。首先,回首转基因技术发展的历程,发现植物方面的工作比动物方面做的充分一些,商品化的植物多于动物,这里面的原因是什么?植物和动物的生活习性,包括一些种植、养殖过程中的特点,可能是造成这种区别的原因。但是动物在人力社会中发挥的作用还是比较大的,另外我这里区分了脊椎和无脊椎动物,目前大部分的转基因动物,在脊椎动物当中的进展和研究可能多一些,无脊椎动物的研究相对较少,而无脊椎动物在星球上占的比率可能远远大于脊椎动物,所以在未来的转基因的研究过程中,如何从生命科学发展以及从现有产业需求出发,在动物方面加大研究的力度,是我们首先要思考的问题。

　　我们这次沙龙的主题是水生生物,介质是水,与陆地生物的空气介质对比,转基因技术面临的问题和挑战绝对是不一样的。水生生物还有淡水和海水的区别,这也造成了海洋生物在繁殖、生长、发育过程当中采取的策略,可能和淡水生物也是不一样的,如何根据自身特点来发展转基因技术,这也是我们要考虑的一些问题。

如果说把转基因将来放在农业领域和工业领域,我们需要的是农业产品和工业产品。按照农业发展的典型的三色理论来说,单纯地以保证食物安全来说,这是转基因发展的一个方向,即给我们提供足够的蛋白和食物。更多的层面上还应考虑要生产一些高端的产品,如利用一些发酵工程和细胞工程生产一些高端产品,用以促进我们现代工农业发展,以及提高人们的生活质量上,我想这是转基因工程发展一个重要方向。

另外,在转基因过程当中要考虑高新技术和创新产品等几个因素,昨天各位专家提到一些对技术垄断的问题,包括三倍体转基因生物。一个较为困惑的问题是:我们转基因做的是一种技术,还是将来推广一种产品?到底是种质创新技术还是种质上的创制?是保证食物供应还是功能载体?我想这些都是需要思考的。同时应注意的是,现代农业发展一定要走科学化、集约化、商品化、市场化的道路。昨天很多专家谈到生态安全的问题,实现集约化,一些安全问题就容易控制,既然走集约化,这些产品的价值应该是首选考虑的问题,所以,转基因动植物高端化可能是未来的发展趋势。

昨天各位专家讨论较多的问题,是遗传育种、杂交育种和转基因育种的选择上,我想这几种方法适用于不同的研究层面。到目前为止,杂交育种还是一种比较有效的遗传改良方式,比如,袁隆平院士在水稻问题上为我国作出了很大的贡献;再如海洋杂交鲍,也再次证明了杂交育种是非常有效的手段。在遗传选育上,海水养殖业上好多优良的品种是靠传统的遗传选育出来的,但是通过转基因获得的优良品种目前还没有。对这三种技术的选择,我是这么考虑的:在我的研究过程中,对一些功能基因的研究比较关注,也发现了基因的多态性,我们在体外也做了很多的基因型突变,比如说像一些蛋白酶、效应分子等,如果关键的位点、氨基酸发生突变,确实是能够极大程度地增强活性。如果自然界存在这种基因型或性状,我想从其他物种的引进、杂交、选育,都是可以实现的,但是对于某些性状、某些基因型在自然界可能就不存在,对于这样一些性状,转基因是必须要走的一条道路,前提是充分了解该物种的遗传背景,所以针对不同的物种和研究基础采取的办法也是不一样的。目前的情况下,三种选育的方法要齐头并进,缺一不可。

另一个关心的问题就是目标物种和目标基因的选择。以我国的现阶段国情而论,粮食问题仍然是我们面临的主要挑战。对于海洋生物来说,围绕养殖物种进行转基因的研究,是近期海洋生物领域必须进行的内容。对于模式生物,不管是淡水还是海水,无脊椎动物转基因的步伐还没有迈起来,这方面的研究,在某种程度上也应该加强和强化。关于转移的目的基因,现在主要围绕优质、高产、抗逆和生态环境改善的相关基因。我认为,以优质、高产、抗逆来支撑食物安全来说,基因和物种的选择应该结合在一起,考虑哪些物种在产业链中发挥的影响大,哪些物种的困惑多,我想应该从这个方向入手。

接下来谈一下海水养殖方面。海水养殖业的发展在我们国家是非常迅速的,面临的困境也是非常严峻的。最突出的问题可能来自四个方面,一是种的问题,二是病的问题,三是生态安全,四是产品质量。种的问题在过去的几年中,涉海的科学家们做出了很大的努力,现在有了一些良种,但是良种的普及率还是有限。病害问题是随着生态环境的不断恶化,已经可能成为产业健康发展的瓶颈问题。随着养殖活动的不断扩大,生态的压力也是社会普遍关注的问题。另外就是质量安全问题,可能会涉及各个方面,昨天好多专家也谈到,转基因生物可能在质量安全方面会提供一些非常可靠的保证措施。海洋里面的生命对环境的适应、习性和行为模式和陆地生物不太一样,繁殖和发育特点,包括受精行为、早期胚胎发育过程都有它们独特的特点。如昨天相老师讲的对虾繁殖和生长发育过程当中独特的地方,造成了我们实现基因转移过程当中的障碍和有别于其他生命形式面临的困惑和问题。归根到底,刚刚起步的海洋生物转基因的研究,基础还非常薄弱,遗传背景信息匮乏,很多的基因元件都不具备,适用于海洋生物特点的基因导入和转移技术体系尚未建立,造成目前海洋生物转基因发展严重滞后的局面。所以,一些基因转移和导入的技术亟待针对一些特定的物种尽快地发展起来,不管是对于产业还是对于基础的科学研究,都是非常急需的。还有就是利用转基因技术进行海洋养殖物种优良种质的创制,几个关键的养殖品种,良种创制迫在眉睫,我刚才说了包括杂交育种、传统的选育,需要的时间很长,对于海水生物优良种质的创制来说,我想转基因是可以看好的,发挥的作用应该是值得我们去期待的。另外,对于基因产品的开发,如何从传统农业走向现代农业以及走向工业,如果把海水养殖业作为农业来考虑的话,我们就要考虑对基因产品进行开发,对于海水养殖的植物我们怎么去做?而动物里面,我们在鱼类这块可以借鉴淡水鱼类成功的经验,这方面的进展在国际上是非常显著的,而对于无脊椎动物,我们必须要走出属于我们国家的一条路,急需确定几种适合转基因研究的海洋无脊椎模式生物,以此为切入点,大力开展相关研究。

总结发言

◎朱作言

会议的安排让我来总结。我想谈一点感想：

第一点，我还是谈温家宝总理那句话，跟美国主编谈，说为什么要力主加强转基因研究，主要是从世界未来考虑。如果世界再增加三分之一的人口，会是什么状况？不担心吃不饱的只是少数，越来越多的人就会面临饥荒，经过1959—1962 年体验的人，知道饥饿是什么味道。大家有深刻的体会。从未来看，需要更多的食物，这不是一句空话。

目前粮食增长水平和人口增长不是很匹配，任何时候一旦把农业放松，国家就出现问题。有人认为世界一体化以后有钱就可以买粮食。作为一个小国来讲没有问题，但是作为一个世界第一人口的大国来讲指望买粮食的想法的确太幼稚。每次中央一号文件都是关于农业的问题，就是要把农业放在第一位。我想稍微说开一点，这个问题的重要性不是在于今天，而是在于今后，但是今天必须为今后做准备，我想这也是转基因的定位，我们谈到转基因育种还是从农业角度考虑、从粮食安全考虑问题，如果从制药考虑的话，就不是在这里谈的主题。

这样一个技术，应该定位在保证未来的粮食安全上，是不是已有的育种技术不够用了，或者都过时了？从现在看，现有的育种技术，是很难满足人口增长需求的，需要新的技术，转基因技术只不过是在传统的育种技术，特别是杂交技术育种的发展基础上的延伸。转基因技术是杂交育种，从科学上来讲是杂交育种技术的延伸和精准化。昨天这个问题有好几位谈到了，我就不重复了，这是一点提出来的。

第二点，从目前来讲，之所以要做转基因，不是为了技术本身，当然技术是要发展的，更重要的是要用它解决一些传统的育种技术解决不了的问题，或者是很难解决的问题，因为传统育种技术毕竟受到种本身的限制，在种间或者是更远的亲缘关系间很难进行遗传物质的交换,所以需要一个新的技术,要解决跨物种的问题。所以在这点上,我觉得要解决一些非它来解决不可的问题,以大豆为例,现在世界上82%的大豆是转基因,拒绝转基因不可能了。

还有一个问题,我想谈得更远一点,就是农业科学研究的问题。我在很多会上都谈了,中国的农业科学研究就是中国的农业科学研究。科学没有国界,中国的生物化学和美国的生物化学概念应该是一样的,但是中国的农业就是和美国的农业有所不同,中国的生态和美国生态也不一样。我们做农业科学研究的同志应该有这个志气,有这个自信,解决自己的科学问题。我知道,中国的水产科学的水平在世界上就很有地位。农业有非常强烈的地域性,有传统、社会要素的制约等,很难有千篇一律的通用的农业科学研究模式,我们研究的对象、目标一定要紧扣我们的国情,这不是用一个统一的 SCI 标准可以衡量的。我和台湾几个人聊天的时候也讲到这个问题,我们有些研究成了 SCI 的代工。如果这样做科学研究,真的很可怜。我们不了解世界的时候,当然强调要和世界接轨,如果我们今天的研究还停留在和世界接轨的情况下,那就是一种误导,特别是农业科学包括水产科学研究,必须走自己的路。所以,稍微延伸一点,我们的工作有自己的特点,要有自信,当然我们不是胡来,昨天也说了,我们的农业部有很多安全管理的规章,这是很严格的。可是从另外一方面来讲,我们有些研究急功近利、不认真、不严格,很不好。对安全规程我们一定要严格遵守,任何环节都不要出问题,特别是关于转基因的研究。

最后一个就是要做好科普工作,当然不仅是针对转基因研究。我昨天花了那么多时间去讲一些具体的例子,就是因为媒体误导造成的问题,实际上这都是不是问题的问题,转基因背黑锅了,把错误的舆论扭转过来很困难,所以我们要不停地做一些科普性的工作,让老百姓了解、理解和接受现代科学进展,这是非常重要的。

在 20 世纪 70 年代试管婴儿刚出现的时候,整个世界一片声讨,前 5 年的时候,世界上第 100 万个试管婴儿出生,当年的试管婴儿现在都很大了。这说明新技术出现总会面对传统观念的冲突,但最终会被人们所接受。

我就讲这么四点作为这次会议的感想,最后要特别感谢中国科协、中国水产学会的领导为这次会议付出的努力,特别感谢黄海所陈松林教授亲自策划了好长的时间,还有他的团队负责会务,使这次会议圆满成功,我们大家向他们表示感谢。

专家简介

（以姓名汉语拼音排序）

白俊杰

中国水产科学研究院珠江水产研究所副所长、研究员，上海海洋大学、广东海洋大学和大连水产学院硕士生导师。研究成果"红尼罗罗非鱼选育研究"获农业部科技进步奖三等奖，"淡水白鲳推广技术"获广东省农业科学技术推广奖三等奖，"红尼罗罗非鱼养殖技术研究"获佛山市科技进步奖一等奖。主持的"鱼生长激素基因在酵母中的高效表达和应用"和"罗非鱼、大口黑鲈等鱼类种质分子鉴定技术研究"分获中国水产科学研究院科技进步奖一等奖。主持培育的大口黑鲈"优鲈1号"通过全国水产原种和良种审定委员会的审定。目前主持农业部行业专项"大口黑鲈分子辅助育种研究"、农业部"948"项目"大口黑鲈种质引进与遗传改良"、国家"863"计划课题"转红色荧光蛋白基因唐鱼的培育"。以主要作者在国内外著名期刊发表研究论文160多篇（SCI 18篇）。指导培养研究生20余名。

包振民

博士，中国海洋大学生命学院教授，博士生导师，山东省泰山学者。多年从事海洋生物技术和遗传育种学研究，在扇贝的遗传育种理论和技术研究中取得系列成果，建立了国际上第一个扇贝BLUP育种技术体系，在海洋贝类的分子育种技术上获得多项突破，育成多个扇贝新品种并产业推广。"十五"以来主持和承担了20余项"863"计划、"973"计划、国家支撑计划、重点基金和省市等重大课题。

发表论文 150 余篇(SCI 80 余篇);获专利 20 余项;获各级奖励 10 余项,其中包括国家科技进步二等奖 2 项,省部级一等奖 4 项、二等奖 2 项。获山东省突出贡献中青年科学家、山东省先进工作者、青岛市劳动模范等称号。享受国务院政府特殊津贴。

陈松林

博士,研究员,博士生导师。农业部海洋渔业可持续发展重点实验室副主任。建立了鱼类精子和胚胎冷冻保存技术体系和 18 个鱼类细胞系;建立了鲆鲽鱼类遗传性别鉴定和雌核发育技术,培育出快速生长牙鲆新品种——鲆优 1 号,率先完成了半滑舌鳎和牙鲆全基因组测序和组装。获授权发明专利 16 项。发表论文 200 余篇(SCI 100 余篇)。
主编出版专著 2 部。获国家技术发明奖二等奖 1 项,国家科技进步奖二等奖 1 项,省部级奖励 6 项。获第三届中国青年科技奖和百千万人才工程第一二层次人选等国家级和省部级荣誉称号 10 多项。

李家乐

博士,教授,博士生导师。上海海洋大学水产与生命学院院长,农业部淡水水产种质重点实验室主任。主要研究方向:水产动物种质资源与遗传育种。目前主持"973"计划前期研究专项、国家自然科学基金等项目。在国内外学术刊物上公开发表论文 160 余篇(SCI 40 余篇),编著图书 5
部。曾获国家科技进步奖二等奖 1 项,上海市科技进步奖一等奖 3 项。

梁利群

黑龙江水产研究所遗传育种与生物技术研究室副主任(研究员)。主持"863"计划项目 2 项:育性可控和生态安全转基因鱼研究,重要转基因鱼新品种培育。"973"子课题1项,在鱼类基因工程育种和抗逆(抗寒、耐盐碱)性状分子机理研究中,主持构建了转基因"超级鲤",其生长速度是对照的1.8倍,完成了食用和生态安全研究,建立了转基因鲤安全评价指南。构建了用于鱼类抗寒、耐盐碱分子机理研究的实验鱼体系,获得了鲤鱼与抗寒相关的基因,完成耐盐碱鱼类表达谱测序及适于不同盐碱水质类型增养殖的鱼类杂交种,发表论文80余篇。参与编写的《中国转基因生物安全性研究与风险管理·鱼类部分》。主持参加课题:鲤鱼抗寒性状分析与遗传连锁图谱的构建(主持)、重要转基因生物风险评价技术与环境安全性研究、主要水产养殖种微卫星标记开发与鲤的分子育种获省部科技一等奖。

林浩然

　　教授,博士生导师,中国工程院院士。中山大学生命科学学院水生经济动物研究所所长,广东省水生经济动物良种繁育重点实验室主任。长期从事鱼类生理学、比较内分泌学和分子内分泌学的研究。系统地、创造性研究调控鱼类繁殖和生长的理论和技术,阐明了鱼类促性腺激素的合成与分泌受神经内分泌双重调节的作用机理,并应用于鱼类人工繁殖;与加拿大彼得教授发明多巴胺受体拮抗剂和促性腺激素释放激素诱导鱼类产卵的新技术,在国内外推广并取代供不应求的传统鱼类催产剂,获得显著应用成效,对我国鱼类养殖产量提高发挥重大作用,被誉为鱼类人工催产的第三里程碑,国际上定名为"Linpe Method"(林彼方法);为鳗鲡人工繁殖研究提供关键性技术路线;阐明了鱼类生长激素分泌受多种神经内分泌因子调节和相关功能基因的作用,发现鱼消化道能吸收这些因子而明显促进生长,为研制新型高活性鱼类促生长剂以加速鱼苗生长奠定了基础。研究团队近年创建的石斑鱼生殖与生长调控和苗种规模化繁育技术,有力地促进了华南沿海石斑鱼养殖生产发展。发表论文290多篇,专著6部。曾获国家教委科技进步奖二等奖3项,国家科技进步奖三等奖1项,光华科技基金二等奖 1 项,教育部自然科学奖一等奖 1 项,教育部科学技术进步奖一等奖 1 项,广东省科学技术进步奖一等奖 1 项。

刘 东

北京大学生命科学学院博士生导师,院学术交流委员会委员。主持和参与编程与重编程的表观遗传调控(国家基金委项目)和生殖与发育重大研究计划有关项目(科技部"973")。主要从事模式鱼类遗传与发育、分子内分泌学、转基因研究。在攻读博士期间,首次以分子生物学和原代细胞培养方法解释了大西洋皇帝鲑徊游的生物学原理,该系列研究先后发表 10 余篇论文。在俄勒冈大学神经科学研究所期间独立指导博士后和研究生,用斑马鱼详细阐述了内耳发育的遗传机制,并已发表 5 篇论文。在北京大学期间,除延续斑马鱼器官发育与再生研究,并已开展秀丽隐杆线虫的非编码 RNA 工作。

刘光明

博士,教授,硕士研究生导师。任教于集美大学生物工程学院,为集美大学水产品加工与贮藏工程学术带头人。近五年来,主持完成国家自然科学基金、福建省科技计划重点项目和福建省自然科学基金项目等 4 项课题研究,获得 3 项省市科技奖;获国家专利 3 项;以第一作者或通信作者在国内外权威期刊发表 SCI 收录论文 14 篇、EI 收录论文 1 篇、一级学报 13 篇,以其他作者发表 SCI 收录论文 13 篇。现主持国家自然科学基金、福建省杰出青年科学基金等科研课题 4 项。曾获第七届福建青年"五四"奖章。

刘汉勤

水利部中国科学院水工程生态研究所研究员,中国水产学会水产生物技术专业委员会委员,武汉市水产学会副理事长,武汉市农业技术专家,湖北省科技特派员研究领域涉及鱼类体细胞遗传、克隆鱼、鱼类抗病毒病育种、基因克隆与表达调控、鱼类性控育种、多倍体育种、鱼类辅助生殖、观赏鱼与水族维生系统、名优经济鱼类规模化繁育、鱼类保护生物学等。在核心学术刊物发表研究论文及各类学术报告 39 篇(SCI 5 篇)。获得国家专利 8 项。

刘少军

博士,教授,博士生导师。教育部"多倍体鱼繁殖及育种"工程研究中心主任、"蛋白质化学及鱼类发育生物学"重点实验室副主任。主持了国家杰出青年科学基金、"973"计划课题、国家自然科学基金重点项目(2 项)、教育部博士点基金、科技部农业科技成果转化基金、国家公益性行业科研专项资金等课题;在多倍体鱼的基础理论和应用研究方面做出了突出成绩,系统研究和揭示了多倍体鱼形成的规律

和生物学特性;主持研究的"湘云鲫 2 号"具有生长速度快、体型优美、肉质好、不育等优点,通过了国家农业部水产新品种鉴定,并在全国推广养殖,产生了显著的经济、社会和生态效益。作为主持人或主要完成人之一,获得国家科技进步奖二等奖 2 项,湖南省科技进步奖一等奖 2 项等;作为主持人,获得国家发明专利 14 项;以第一作者或通讯作者发表 SCI 论文 43 篇。获国家杰出青年科学基金获得者、湖南省"芙蓉学者"特聘教授、湖南省科技领军人才、全国优秀教师、教育部跨世纪优秀人才等荣誉称号。享受国务院政府特殊津贴。

宋林生

研究员,博士生导师。中国科学院实验海洋生物学重点实验室主任。主要从事海水养殖生物的分子遗传学、分子系统学、分子免疫学以及病害防治等领域的研究工作,先后主持承担国家"863"、"973"等多个重大项目,以及国家自

然科学基金杰出青年基金,重点基金和多个面上基金,在海洋无脊椎动物种群遗传结构、杂种优势、遗传连锁图谱、抗病功能基因、免疫防御机制以及病害免疫防治等方面取得了突出成绩。目前发表论文200余篇(SCI/EI 120篇),参与编写专著4部,申请发明专利12项,获得授权5项,研究成果分获国家海洋局创新成果奖3项,山东省自然科学奖2项,青岛市自然科学奖1项,并获"泰山学者特聘专家教授"、"山东省突出贡献中青年专家"、"青岛市拔尖人才"等荣誉称号。

孙效文

农业部水产生物技术重点开放实验室主任,中国水产科学研究院水产生物应用基因组研究中心主任,国家农业转基因安全委员会委员。从事鲤鱼基因工程育种研究,自1987年始一直承担和参加国家"863"计划的转基因研究工作。主持和参加的有关研究课题有:"鲤鱼、草鱼功能基因组及应用研究"(国家"863"计划项目),"重要养殖鱼类功能基因组和分子设计育种的基础研究"(国家"973"计划项目)。承担课题"水产基因资源发掘与种质评价利用研究"(国家"十一五"支撑计划项目:"农业基因资源发掘与种质创新利用研究"项目中的课题)。主持农业部"引进国际先进农业科学技术"计划的资助。在国内外刊物上发表文章180多篇。

孙永华

博士,博士生导师。中国科学院水生生物研究所研究员,中国科学院卢嘉锡青年人才奖获得者。从事鱼类早期发育的分子调控和基于基因操作的鱼类分子设计育种研究,首获转基因鱼的属间克隆鱼并阐明了克隆鱼败育的分子机制,创制不依赖于体内生长激素水平的、快速生长的激

活型生长激素受体转基因鱼模型，先后主持承担了国家"973"计划、国家重大科学研究计划、国家自然科学基金、中科院方向性项目、武汉市青年科技晨光计划等国家和省部级项目，已在 BiolReprod、PLoS Genetics、DevDyn、BMC DevBiol、Transgenic Res、Theriogenology、《中国科学》等刊物上发表研究论文 40 余篇（SCI 30 余篇）。

汪亚平

博士，博士生导师。中国科学院水生生物研究所研究员，渔业生物技术研究中心副主任，淡水生态与生物技术国家重点实验室副主任。近 10 年来，参加或主持多项"863"项目、"973"课题、国家重点基金项目的研究工作，主要涉及鱼类基因工程育种和转基因鱼生态安全评价及对策研究。发表研究论文 40 余篇。目前主持"重要鱼类转基因新品种"（"863"项目）、"草鱼生长与抗病性状的遗传分析"（"973"课题）、"草鱼遗传连锁图谱构建"（国家基金委项目）和"草鱼免疫和抗病机理的功能基因组研究"（中科院方向性项目），致力于水产养殖鱼类生长、营养、抗病抗逆等重要经济性状相关基因的克隆及功能研究。2002 年获第四届"武汉青年科技创新奖"，2004 年获国务院政府特殊津贴。

王德寿

教授，博士生导师。主要通过生物技术手段进行鱼类性别控制和生殖生长调控研究。近年来，在罗非鱼和南方鲇性别决定的分子机制、性别控制、分子标记辅助育种和转基因研究等方面取得了一定成绩，并提出鱼类存在性腺特有 GH/GHR/IGF 轴的假说，以解释鱼类性腺生长与身体生长既相互联系又相互独立的生理现象。先后主持"863"计划、自然科学基金重点和省市课题 10 余项，申报专利 6 项，发表论文 80 余篇（SCI 30 余篇，总影响因子超过 80，被引用 500 余次）。先后获得重庆市科技进步奖一等奖、自然科学一等奖。

王清印

　　研究员，博士生导师。中国水产科学研究院黄海水产
研究所所长、中国水产科学研究院遗传育种学科首席科学
家。一直从事海水养殖生物的遗传育种、海水健康养殖以
及海洋生物技术等研究工作。先后主持国家及省部级课题
20 多项。主持的"中国对虾'黄海一号'新品种及其健康养
殖技术体系"研究成果获 2007 年度国家技术发明奖二等
奖，多项研究成果分别获省部级科技奖励。已用中、英文发

表论文报告 260 余篇，出版专著或主编 14 部，获国家发明专利 10 项。培养博
士后、博士及硕士研究生 50 余名。获全国优秀科技工作者、农业部有突出贡献
中青年专家、山东省先进工作者、青岛市劳动模范等荣誉称号，享受国务院政府
特殊津贴。

王卫民

　　博士，教授，博士生导师。华中农业大学水产学院院
长。先后主持和参加了安徽省汝山湖渔业资源的调查，湖
北省梁子湖水产资源调查，武汉市新洲县涨渡湖水产资源
调查及其增殖技术研究，湖北省监利老江河封闭型故道"四
大家鱼"种质资源天然生态库研究，河南省宿鸭湖水库水产
资源及其开发利用途径的研究，丹江口水库水产资源调查，
徐家河水库银鱼的开发与利用研究，长江三峡水质监测，国

家水体污染控制与治理科技重大专项海河流域水生生物多样性调查，东江流域
污染源生物毒性评价和监控技术研究与应用示范课题等省、部、地方、国际合作
等课题 40 多项，鉴定项目 8 项，获奖项目 5 项，在国内外刊物上发表论文 100
多篇(SCI 40 多篇)。目前在研的主要项目：国家大宗淡水鱼类产业技术体系科
学家岗位团头鲂育种(现代农业产业技术体系项目)，基于生物毒性测试东江

流域代表性生物种选育技术研究和麦穗鱼活体毒性测试关键技术（国家科技重大专项），以及美国 USAID AquaFish CRSP 国际合作项目等。

王志勇

集美大学水产学院教授，农业部东海海水健康养殖重点实验室主任，湖南农业大学兼职博士生导师，"863"计划"基于全基因组信息的鱼类遗传选育"课题负责人。长期从事水产生物遗传育种的教学和科研，曾主持国家"863"计划等10余项省级重点以上研究课题。近年来主要围绕水产动物分子育种和细胞工程育种开展研究工作。主持育成了"闽优1号"大黄鱼新品种，建立了大黄鱼全雌育种的理论、技术与生产体系，率先构建了大黄鱼第一代和第二代遗传连锁图谱。已获国家发明专利3项，在国内外学术刊物发表研究论文100余篇（SCI 33篇）。获福建省科技进步奖一等奖、二等奖各1项。

温海深

中国海洋大学水产学院教授、博士生导师、水产学院副院长，中国水产学会水产生物技术专业委员会委员，国家"冷水鱼类产业战略联盟"骨干专家。长期从事名贵鱼类繁殖生理学与内分泌学、繁育理论与技术研究。近10年主持和参加国家级和省部级科研课题10余项，目前在研课题5项：主持国家自然科学基金课题"近海低氧环境对卵胎生许氏平鲉繁殖性能的影响与分子内分泌学机制"；主持农业公益性行业科研专项经费项目"冷水性鱼类养殖产业化研究与示范"；主持山东省科技攻关项目"松江鲈鱼生殖调控与良种繁育关键技术"；主持山东省自然科学基金重点课题"卵胎生许氏平鲉繁殖内分泌机制及生理功能调控"；参加国家"十二五"科技支撑计划课题"海水池塘高效清洁养殖关键技术研究与示范"。近10年发表学术论文50余篇（SCI 10篇）；获山东省科技奖2项，指导研究生20余名。

叶 星

博士。中国水产科学研究院珠江水产研究所研究员、
水产生物技术研究室/转基因鱼研究中心主任、水产生物技
术学科带头人,上海海洋大学、广东海洋大学硕士研究生导
师。主要从事水产生物技术研究,包括基因与基因工程、分
子标记辅助育种及转基因鱼研究等。现主持国家"863"计
划子课题"抗病转基因罗非鱼育种新技术的研究",广东省
农业领域重点项目"草鱼出血病病毒的分子与基因工程疫
苗研究"和广东省海洋与渔业科技推广专项、广州市科技项目,参与国家科技支
撑计划项目、现代农业产业(罗非鱼)技术体系建设项目、农业部行业科研专
项、省农业重大攻关项目、省农业重点项目等的研究工作。获中华农业科技奖
二等奖1项、三等奖1项;部科技进步奖三等奖2项、省科技进步奖二等奖1
项、三等奖2项;水科院科技进步一等奖2项、二等奖3项及三等奖2项。近五
年发表论文80多篇,参与编写专著5部,主持完成1项、参与多项国家或行业
标准制定,申请国家发明专利4项、获授权1项。

殷 战

中国科学院水生生物研究所研究员、博士生导师,水环
境与人类健康研究中心主任。曾长期从事鱼类免疫机制、
分子发育生物学和内分泌调控方面的研究。近五年来,主
要从事鱼类生长内分泌调控轴和性成熟发育机制的研究。
发表第一作者及通讯作者的SCI源刊论文20余篇(已被
SCI源刊文章引用480次以上)。现负责有国家"973"项目
的课题、多项国家自然科学基金项目、湖北省创新团队等多
项课题研究。

张培军

中国科学院海洋研究所责任研究员、博士生导师,青岛市海洋生物技术重点实验室主任。先后承担了中科院重大项目"转基因真鲷研究"、"九五"科技攻关项目"重组生长因子研究"、"863"项目"全雌牙鲆遗传育种技术研究"、"973"项目"鱼类病原菌致病因子的作用过程"等十几项研究课题。获得过国家技术发明奖二等奖、中科院重大科技成果奖一等奖、科技进步奖一等奖、山东省科学技术进步奖一等奖等多个奖项及国家发明专利10余项。发表论文150余篇,出版专著6部,培养博士、硕士研究生50余名。1991年被国家教委授予"全国有突出贡献的硕士研究生"称号。

张士璀

教授,博士生导师。中国海洋大学海洋生物多样性与进化研究所副所长,山东省泰山学者。主要研究领域:以模式动物文昌鱼和斑马鱼为代表,开展发育和免疫相关基因与蛋白结构、功能、表达与进化研究,探索、揭示脊椎动物及其免疫系统发育和分化机理以及起源和演化规律;对具有潜在实际用途基因和蛋白,开展应用基础研究。

朱作言

中国科学院院士。中科院水生生物研究所研究员,中国国际科技合作协会会长,《中国科学》和《科学通报》总主编。主要从事遗传发育生物学及生物技术方面的研究,取得了多项具有开创意义的重要成果,为鱼类基因育种奠定了理论基础,发表相关论文100多篇,其中3篇已成为转基因鱼领域公认的经典文献,先后六次获得国家和部级科技成果奖。

邹曙明

教授,博士生导师。农业部团头鲂遗传育种中心常务副主任,上海海洋大学水产与生命学院育种系副主任。目前主持"十二五"国家"863"主题项目团队项目、"十一五"国家"863"快速反应项目、国家自然科学基金、农业行业专项子项目等课题。先后主持或参加国家"九五"、"十五"科技攻关项目、科技部农业科技成果转化基金、国家自然科学基金项目、农业部科技专项项目、上海市曙光计划项目、上海市科技启明星项目以及上海市农委重点攻关项目等项目。参加的课题"团头鲂良种选育和开发利用—'浦江1号'"获2002年度上海市科技进步奖一等奖和2004年度国家科技进步奖二等奖;"中华绒螯蟹种质鉴定技术"获2004年度上海市科技进步奖二等奖。在国内外学术刊物上发表论文30余篇,其中SCI论文14篇,参著和译著各1部,获专利2项,参与制订国家标准3个。

转基因动物能否上餐桌?

詹　媛

转基因蔬菜已是餐桌上的常见食物,而转基因动物还很少出现于餐桌。转基因动物能否摆上餐桌? 在摆上餐桌前,还有哪些"难关"要闯?

不久前,中国科协举行了第59期新观点新学说学术沙龙——"转基因水产动植物的发展机遇与挑战",众多科学家就转基因动物上餐桌展开了讨论。

1　要食用,先"安检"

转基因动物是否能安全食用? 这不但是消费者关心的问题,也是科研人员最关心的。

对于这一点,黄海水产研究所所长王清印颇有感触:"无论传统育种还是杂交育种,在科研工作的安全性和风险评估方面,只有转基因的'门槛'设得高。"

中国科学院院士朱作言的工作印证了王清印的说法。在河南郑州,朱作言有一个"转基因鲤鱼"实验养殖场,养殖的是转基因三倍体鲤鱼——"863吉鲤"。这些"863吉鲤"在最初受精时被注入了草鱼的生长激素,生长速度几乎是普通鲤鱼的1.4倍。

这些转基因鲤鱼是否能够安全食用? 朱作言和他的研究团队曾经用国家一类新药的安全检测标准,做过严格的检查,对这些转基因鲤鱼的12个组织器官、遗传后代、生理生化指标,也都有详细的组织化学检查,"都没有发现其他问题,和正常鲤鱼是一样的"。朱作言说。

尽管如此,朱作言的转基因鲤鱼也还是没有"游"到消费者的餐桌上。

这是因为,为了避免潜在的风险,转基因动物要进入市场,摆上人们的餐桌,必须要进行长时间的安全评估。

"潜在风险不等于现实危险,必须建立一套科学的评价标准,对转基因动物产品进行长时间的安全性评估,这才能分析并避免潜在的风险。"东北农业大学教授刘忠华说。

2　生态安全是第二关

遗传改良的大马哈鱼能够比野外的"表亲"大25倍,抗禽流感的鸡、鸭、鹅品种也正在培育,不会患肺结核的牛将来也可能通过转基因的方式得到实现。

这些具有优良性状的转基因动物,一旦逃到野外,就可能取得交配优势,也会与野生动物竞争食物和空间,从而破坏自然界原本相对稳定的生态平衡。

正是出于这样的担忧,几个月前,美国食品、药品监督管理局拒绝了转基因三文鱼用于人类食用的申请。

对此,朱作言表示,对于开放的淡水和海洋体系而言,转基因鱼的生态环境安全是最大的一个挑战,也是转基因动物研究的重中之重。

几年来,朱作言一直致力于解决转基因鲤鱼的生态安全问题,他与湖南师范大学教授刘少军合作,培育了转基因鲤鱼不育的三倍体——"863吉鲤"。"它们不育,就不会和野生鲤鱼交配生子,到自然环境后也不会造成生态威胁。"朱作言说。

尽管如此,朱作言并不认为转基因鲤鱼可以作为食品走向市场。他坦言:"对转基因鲤鱼的整合机理及评价、安全性做得比较少,能够信服人的还很不够,还要加强基础研究,作好技术储备。"

3　要上桌,量产很关键

转基因动物要想跃上普通消费者的餐桌,价格"亲民"也很重要。这也是一些科研人员对转基因动物投入市场有信心的原因。

"以转基因鲤鱼为例,它生长速度比普通鲤鱼快42%,对饵料的利用率非常高,这使转基因鲤鱼的养殖经济效益比普通鲤鱼高很多。"中国水产科学研究院黑龙江水产所研究员孙效文说:"巨大的经济优势,正是转基因动物突破'围堵'跃上餐桌的优势所在。"

朱作言对此并不乐观,他认为,要实现经济效益,首先要大规模商业化养殖,"但这就像亩产920公斤的'超级'水稻一样,目前还不能够普遍推广,如果转基因鲤鱼要想大面积养殖,条件将非常苛刻,生态安全是不能回避的问题。"朱作言说。

　　与转基因鲤鱼不同,猪、牛、羊这样的胎生动物,要大规模商业化养殖,还存在保持优良基因的问题。

　　"转基因动物几代之后优良基因可能会丢失,致使基因表达减弱和消失,虽然利用无性繁殖的克隆技术能解决这个问题。"中国科学院动物研究所首席研究员陈大元说,"但克隆技术费用昂贵,且成功率极低,目前来看,还不能使转基因动物实现百万头级别的量产。"

《光明日报》(2012 年 1 月 31 日)

转基因鱼能否摆上老百姓餐桌？

潘 希

"我工作将近30年了，无论传统育种还是杂交育种，所有的研究工作在做评价时，都没有转基因的门槛设得高。"在近日举行的中国科协第59期新观点新学说学术沙龙上，黄海水产研究所所长王清印说。

这次沙龙的主题为"转基因水产动植物的发展机遇与挑战"。3个月前，美国白宫"一纸禁令"再次将科学家研究转基因三文鱼供人类食用的"梦想"无情撕碎。

其实，美国食品、药品监督管理局一直在犹豫是否同意转基因三文鱼用于人类食用。但事实是，它依然没有成为全球第一个被批准供人类食用的转基因动物。

让科学家想不明白的是，到2010年为止，全世界81%的大豆、64%的棉花、29%的玉米、23%的油菜都是转基因食品，为何转基因动物想要摆上桌面，却如此费劲？

魔鬼还是天使

王清印表示，转基因已经通过最严厉的检验，但还是不被大多数人认可。

一部分科学家认为，美国的担心不无道理。转基因鱼要比普通鱼大得多，如果这一鱼种逃入自然界自由生活，它们能轻易取得交配优势，也会与野生鱼竞争食物和空间，从而破坏自然界原本相对稳定的生态平衡。

其实，这个问题科学家们早就想到了。

会议前一天，中国科学院院士朱作言还专程去了趟他位于郑州的"转基因鲤鱼"实验养殖场。"5个月这群鱼长得非常快，体形也非常漂亮，和黄河鲤鱼非常相似",在朱作言展示的照片中,同龄的转基因鲤鱼比普通鲤鱼看上去大了一倍。

几年来,朱作言与湖南师范大学教授刘少军合作,做了转基因鲤鱼不育的三倍体,并取名"863吉鲤"。"它们不育,到自然环境后也不会造成生态威胁。如果有兴趣,我可以让大家亲口尝一尝。"

朱作言说,他们曾对转基因鲤鱼进行了很严格的食品检验,"相当于国家一类新药的安全检测标准",对所有12个组织器官进行组织化学详细检查,对遗传后代、生理生化指标进行严格检查,"都没有发现其他问题,和正常鲤鱼是一样的"。

然而,社会对转基因食品的态度,仍旧是"一片否决声"。如果在搜索引擎中把"转基因"当做关键词输入,会发现结果中90%以上是对转基因的负面评价。

"记得一次学术会议上,有专家对我说:你们做转基因鱼,说好就是好,说魔鬼就是魔鬼。"中科院海洋研究所研究员张培军直言不讳,其实,绝大多数做转基因研究的科学家都有这样的困惑:如果社会一直排斥转基因,他们所有的付出都是"白辛苦"了。

科学家还能做什么

"关于转基因安全的问题,我们通过基因改造,和杂交产生的优良品种是一样的,在自然界优胜劣汰,好的基因会很好保持下来。"中国水产科学研究院黑龙江水产所研究员孙效文认为,巨大的经济性状优势,是转基因鱼突破"围堵"的优势所在。

其实,在20世纪六七十年代,中科院院士童第周就在世界上首创了鱼类的克隆技术。然而,随着童第周的去世,类似工作随之成为历史。

朱作言指着一张照片说:"这是1998年在荷兰养殖的转基因鲤鱼,5个月就长到了2.7公斤,6个月长到了4公斤。但就像亩产920公斤的水稻一样,不是能够普遍推广的。"朱作言认为,如果转基因鱼要想大面积养殖,其条件将非常苛刻。

转基因鱼的生态安全,是科学家必须考虑的重要问题。"可育转基因鱼个体逃逸,势必会与其同种或近缘种之间发生基因交流,而不育的转基因鱼也不能 100% 保证其不育。"孙效文说。

与此相对应,美国一个顾问小组表示,2010 年已经证明食用转基因三文鱼是安全的,但是在提供给消费者的餐桌前,还需要更多的研究。

因此,尽管各项监测指标合格,朱作言也没有把转基因鲤鱼提议作为食品走向市场。朱作言也承认,"转基因鱼可能会产生生态安全问题"。

"作为科学家,与其临渊羡鱼,不如退而结网。"王清印的话也许能代表一部分转基因研究者的观点,"社会对转基因食品有顾虑,而转基因用品则易于被消费者接受,可以做转基因观赏鱼。"

在转基因领域的科学家们看来,尽管发表了不少文章,但很多研究还是欠缺的。"对转基因鱼的整合机理及评价、安全性做得比较少,能够信服人的还很不够。要加强基础研究,作好技术储备。"朱作言说。

《中国科学报》(2012 年 1 月 2 日)